KB151560

사이언스 갤러리
001

블랙홀은 과연 블랙인가

사이언스 갤러리
001

블랙홀은
과연
블랙인가

김충섭 지음

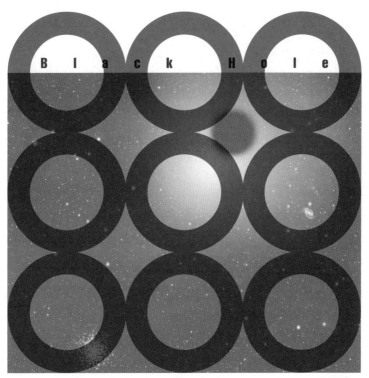

사이언스 갤러리 001

블랙홀은
과연
블랙인가

지은이 김충섭
펴낸이 이리라
펴낸곳 컬처룩

편집 이여진 한나래
본문 디자인 에디토리얼 렌즈
표지 디자인 엄혜리

2014년 6월 25일 1판 1쇄 펴냄
2016년 1월 30일 1판 2쇄 펴냄

등록 제2011-000149(2010. 2. 26)호
주소 121-898 서울시 마포구 동교로 27길 12 씨티빌딩 302호
전화 070.7019.2468 | 팩스 070.8257.7019 | culturelook@naver.com
www.culturelook.net

© 2014 김충섭
Published by Culturelook Publishing Co.
Printed in Seoul

ISBN 979-11-85521-03-9 04400
ISBN 979-11-85521-02-2 04400 (세트)

* 이 도서의 국립중앙도서관 출판예정도서목록(CIP)은 e-CIP홈페이지(http://www.nl.go.kr/ecip)와
  국가자료공동목록시스템(http://www.nl.go.kr/kolisnet)에서 이용하실 수 있습니다.
  (CIP제어번호: CIP2014012382)
* 이 책의 출판권은 저자와의 계약을 통해 컬처룩에 있습니다. 저작권법에 의해 보호를 받는 저작물이므로
  어떤 형태나 어떤 방법으로도 무단 전재와 무단 복제를 금합니다.

"블랙홀은 완전히 검지 않다."

– 스티븐 호킹

무엇이든 한번 빠져들면 도저히 벗어날 수 없는 천체 블랙홀! 블랙홀은 우주에 관심을 가진 사람이라면 누구나 한번쯤 특별한 흥미와 호기심을 느끼게 되는 매우 특이하고 불가사의한 천체다. 우주는 한없이 넓고 인간의 호기심은 끝이 없어서 그동안 신비롭고 놀라운 천체들이나 천체 현상들이 많이 발견되어 왔지만 블랙홀만큼 특이하고 수수께끼에 싸인 천체는 없었다.

블랙홀은 이론적으로 먼저 알려진 천체다. 대부분의 천체들이 관측을 통해 먼저 발견된 것과 달리 블랙홀은 인간의 상상력을 통해서 먼저 알려진 천체다. 블랙홀의 존재 가능성이 처음 제기된 때는 지금부터 230여 년 전이다. 블랙홀은 '보이지 않는 별,' 다시 말해 '검은 별'이라는 이름으로 등장하였다. 블랙홀은 알베르트 아인슈타인의 일반 상대성 이론과 함께 널리 알려졌다. 하지만 블랙홀의 존재를 처음 예측한 과학적 근거는 아이작 뉴턴의 중력 이론이었다.

영국의 지질학자 존 미첼은 아인슈타인의 일반 상대성 이론이 등장하기 133년 전에 뉴턴의 중력 이론을 이용하여 보이지 않는 '검은 별'이 우주 안에 존재할 수 있다는 이론을 발표했다. 하지만 '검은 별' 이론이 처음 등장했을 때 그 존재를 믿는 과학자는 아무도 없었다. 그 것은 단지 이론상으로만 가능할 뿐 현실에서는 존재하지 않는 천체로 취급되었다.

1915년에 아인슈타인의 일반 상대성 이론이 발표되자마자 곧바로 특이점의 형태로 블랙홀 개념이 다시 등장하였다. 그러나 과학자들은 특이점은 단지 자연을 수학적으로 단순화할 때 나타나는 문제로 간주하고, 현실에서는 블랙홀이 나타나지 않을 것이라며 다시 무시해 버렸다.

그리고 다시 50여 년이 지난 후 새로운 관측 기술의 도움으로 블랙홀의 존재를 시사하는 특이한 천체들이 잇달아 발견된다. 이제 천문학자들과 물리학자들은 더 이상 블랙홀을 가설상의 천체로만 생각할 수 없다는 사실을 깨닫게 된다. 이후 블랙홀에 대한 연구가 비로소 본격적으로 시작되었다.

오늘날 블랙홀은 우주에 실재하는 천체일 뿐 아니라 우주 진화의 핵심 주역으로 생각될 정도로 그 위상이 높아졌다. 오늘날 블랙홀은 SF 영화나 소설 등에서는 일상적인 존재로 묘사되어 과학과 우주에 관심을 둔 청소년들의 무한한 호기심과 상상력의 원천이 되고 있다.

블랙홀은 천체로서 인정받기까지 200년 가까운 시간이 걸렸다. 블랙홀은 엉뚱한 상상이나 황당무계한 공상의 산물이 아니다. 당대의 정통 과학 이론에 바탕을 둔 과학적인 이론이었으며 어느 누구도 감히 그런 생각을 할 수 없던 시대에 인간의 뛰어난 상상력이 빚어낸 산물인 것이다.

블랙홀은 어떻게 가설상의 천체에서 우주 진화의 주역으로 인정받게 되었을까? 블랙홀은 정말로 많은 사람들을 매료시킬 만큼 신비스러운 호소력이 있다. 그 이유는 무엇일까? 그것은 아마도 블랙홀의 특성, 다시 말해 접근하는 것은 무엇이든 빨아들이는 능력 때문에 사람들의 관심과 흥미도 끝없이 빨아들이는지도 모른다.

그런데 블랙홀은 매우 역설적인 천체이기도 하다. 블랙홀은 그 명성에 비해 우리가 알고 있는 것이 아직도 많지 않기 때문이다. 어쩌면 블랙홀은 일반인들은 가장 잘 알지만 전문 과학자들은 가장 잘 모르는 천체인지도 모른다.

이 책은 블랙홀의 예측으로부터 블랙홀 후보의 탐사에 이르기까지, 블랙홀을 찾아 떠난 과학자들의 뜨거운 열정과 놀랍고도 신비한 특성 등 블랙홀에 대해 알려진 모든 것들을 가능한 한 알기 쉽게 설명하고자 노력하였다.

아마도 이 책이 블랙홀에 대한 여러분들의 모든 의문을 풀어 주지는 못할 것이다. 글재주가 부족하기도 하고 블랙홀 자체가 아직도 짙은 베일에 싸여 있기 때문이기도 하다. 하지만 이런 의문이 남아 있기에 우리는 블랙홀에 대한 관심의 끈을 놓을 수가 없는 것이다. 앞으로 여러분들이 이런 의문에 도전하기를 바란다.

차례

일러두기

- 한글 전용을 원칙으로 하되, 필요한 경우 원어나 한자를 병기하였다.
- 한글 맞춤법은 '한글 맞춤법'및 '표준어 규정'(1988), '표준어 모음'(1990)을 적용하였다.
- 외국의 인명, 지명 등은 국립국어원의 외래어 표기법을 따랐으며, 관례로 굳어진 경우는 예외를 두었다.
- 사용된 기호는 다음과 같다.

  영화, TV 프로그램, 신문 및 잡지 등 정기 간행물:〈 〉

  책(단행본):《 》

블랙홀은 과연 블랙인가

초대권

장소: 사이언스 갤러리

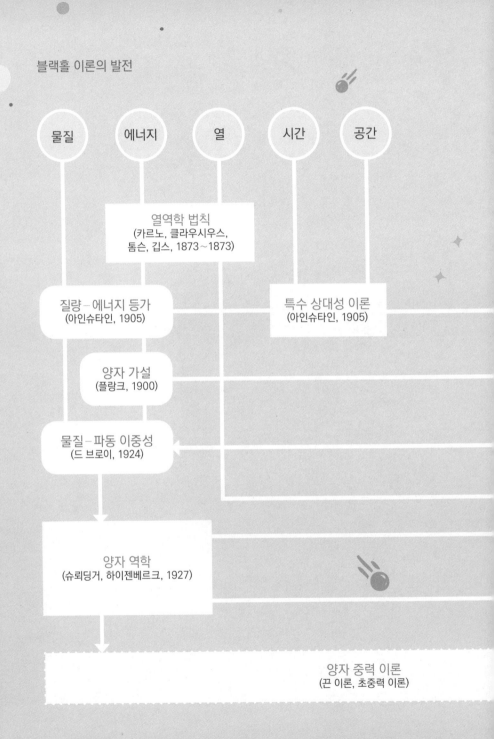

블랙홀 이론의 발전

물질　에너지　열　시간　공간

열역학 법칙
(카르노, 클라우시우스,
톰슨, 깁스, 1873~1873)

질량－에너지 등가
(아인슈타인, 1905)

특수 상대성 이론
(아인슈타인, 1905)

양자 가설
(플랑크, 1900)

물질－파동 이중성
(드 브로이, 1924)

양자 역학
(슈뢰딩거, 하이젠베르크, 1927)

양자 중력 이론
(끈 이론, 초중력 이론)

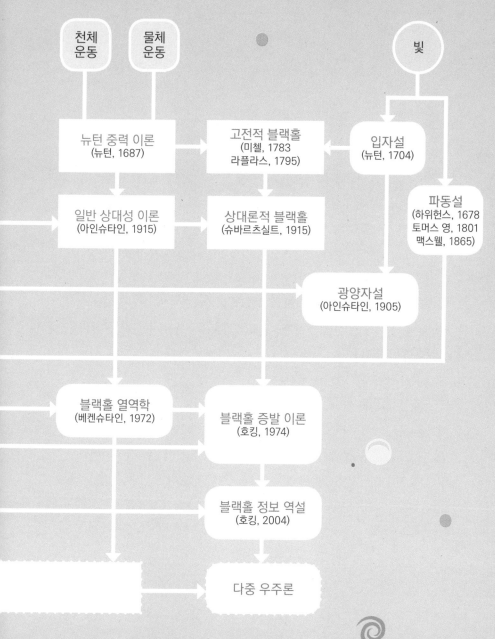

블랙홀로의 초대

"우주는 우리의 상상보다 더 희한할 뿐 아니라,

우리가 상상할 수 있는 것보다도 더 희한하다."

– 존 홀데인(영국의 유전학자)

블랙홀은 중력gravity이 매우 강하여 빛조차 빠져나오지 못하는 천체로 정의된다. 블랙홀은 아이작 뉴턴Isaac Newton(1642~1727)의 중력 이론과 알베르트 아인슈타인Albert Einstein(1879~1955)의 일반 상대성 이론으로부터 물질의 극단적인 상태로 예견된다.

아인슈타인의 일반 상대성 이론은 빛도 중력의 영향을 받는다고 예측한다. 실제로 영국의 물리학자 아서 스탠리 에딩턴Sir Arthur Stanly Eddington(1882~1944)은 개기 일식 때 태양 뒤에서 오는 별빛을 관측하여 빛의 경로가 휘어지는 것을 확인하였다. 천체의 밀도가 커질수록 별빛이 휘어지는 정도는 더 커진다. 만약 천체의 밀도가 극단적으로 높으면 빛이 천체 속으로 빨려 들어가 나오지 않는 경우도 생각할 수 있다. 이런 천체를 블랙홀이라 부른다.

예를 들어 태양(반지름 69만km)을 반지름 3km까지 압축한다면 블랙홀이 된다. 하지만 천체를 이렇게 고밀도로 압축시키는 일이 가능할까? 우주의 탄생기, 즉 빅뱅 초기에는 우주의 밀도가 지극히 높았으므로 이런 밀도가 가능했지만 현재 우주에서는 거의 가능하지 않다. 유일한 가능성은 초신성 폭발을 일으키는 별의 경우이다. 별이 초신성 폭발을 일으키고 남은 별의 중심핵은 엄청난 압력으로 수축된다. 이때 고밀도의 중성자별이 만들어진다는 것이 확인되었다. 중성자별은 태양 정도의 질량이 반지름 10km 정도의 구체로 압축된 것이다.

천체 물리학자들은 초신성 폭발 후 남은 별의 질량이 태양 질량의 3.5배를 넘으면 중성자별 대신 블랙홀이 만들어질 것으로 예측한다. 그렇다면 우주에는 과연 블랙홀이 존재할까? 만약 블랙홀이 존재한다고 해도 빛조차 빠져나올 수 없는 블랙홀을 찾을 수 있을 것인가? 사실 블랙홀이 우주 공간에 홀로 존재한다면 찾을 방법이 없다. 하지만 블랙홀이 다른 별과 쌍성계를 이루고 있다면 가능할 것으로 생각된다. 그 과정은 이렇다. 질량이 큰 별이 먼저 초신성 폭발을 일으켜 블랙홀이 되고 난 후 동반성이 종말이 가까워져서 크게 부풀어 거성이 되면 거성 표면의 물질이 블랙홀로 빨려 들어가게 된다. 블랙홀 주변으로 빨려 들어가는 물질은 블랙홀 주위를 맴돌면서 수백만 도로 가열되므로 에너지가 강한 X선이 튀어 나오게 된다. 따라서 이 X선을 관측하면 블랙홀을 발견할 수 있게 되는 것이다. 다만 이 X선은 지구 대기층에서 모두 흡수되어 지상까지 도달하지 않으므로 대기권 밖으로 나가서 관측해야 한다.

블랙홀이 세상에 처음 모습을 드러낸 것은 한 과학자의 상상력을 통해서였다. 1783년 영국의 존 미첼John Michell(1724~1783)은 뉴턴의 중력 이론에 따라 별의 질량이 매우 커지면 중력이 매우 강해져서 빛조차도 빠져나올 수 없을 것이라는 생각을 논문으로 발표했다. 하지만 미첼이 '검은 별dark star'이라고 명명한 이 천체는 당시의 상식으로는 도저히 믿기 힘든 것이었다.

미첼이 검은 별 이론을 제안하고 12년이 지난 후, 프랑스의 과학자 피에르 시몽 라플라스Pierre Simon Laplace(1749~1827)도 미첼과 비슷한 아이디어를 발표했다. 미첼과 라플라스의 블랙홀 이론은 당시 과학계의 정설로 널리 인정받고 있던 뉴턴 역학에 기반을 두고 있었다. 따라서 이들의 주장은 과학적으로 모순이 없었다. 하지만 당시로서는 어디까지나 상상 속에서나 가능한 일로 여겨졌다. 결국 이들의 이론은 다른 과학자들의 완강한 반대와 노골적인 무시로 빛을 보지 못하고 사장되고 만다.

그런데 그로부터 120여 년이 지난 1910년대 중반에 블랙홀은 다시 모습을 드러낸다. 이번에는 아인슈타인의 일반 상대성 이론으로 제시된 장 방정식을 통해서였다. 독일의 천문학자 칼 슈바르츠실트Karl Schwarszchild(1873~1916)는 아인슈타인의 장 방정식을 별에 적용하여 밀도가 큰 별 주변에 블랙홀이 존재할 수 있음을 보여 주었다. 별 주변에 형성된 시공간에는 질량이 무한대가 되어 빛조차 빠져나올 수 없는 특이점이 나타났는데, 그것은 바로 미첼이 예측했던 '블랙홀'이었다.

그런데 그 특이점은 중력과 밀도가 무한대가 되는 점이었고, 모든 물리 법칙이 붕괴되는 점이었다. 따라서 당시 물리학자들은 도저히 받아들일 수 없는 것이었다. 결국 이 특이점은 일반 상대성 이론의 장 방정식을 풀 때 도입한 수학적 대칭성의 결과로 나타나는 것일 뿐 현실에서는 존재하지 않는 것으로 간주되었다. 이렇게 하여 블랙홀은 다시 한 번 과학자들로부터 외면을 받게 되었다.

한편 1930년대에 이르러 별의 죽음을 연구하던 천체 물리학자들은 질량이 큰 별이 종말을 맞을 때 중력 붕괴gravitational collapse로 인해 블랙홀이 형성될 수 있음에 주목하였다. 인도 출신의 천체 물리학자 수브라마니안 찬드라세카르Subrahmanyan Chandrasekhar(1910~1995)와 미국의 물리학자 줄리어스 로버트 오펜하이머Julius Robert Oppenheimer(1904~1967)는 별의 질량과 핵융합nuclear fusion 사이의 관계를 연구하다가 별의 종말이 블랙홀이라는 종착점에 이르게 될 가능성을 발견하게 된다. 이후 천체 물리학자들은 블랙홀이 이론의 산물에 불과한 것이 아니라 우리 우주에 실재할 수 있다는 생각을 하기 시작하였다. 하지만 때마침 발발한 2차 세계 대전으로 말미암아 연구는 중단되고 만다.

2차 세계 대전이 끝난 후에는 전쟁 중에 개발된 기술을 바탕으로 새로운 전파 관측 기술과 로켓 기술이 발전하게 된다. 1960년대에 이르러 관측 천문학자들이 놀라운 천체들을 잇달아 발견하면서 중력이 극도로 강한 천체에 과학자들의 관심이 쏠리게 된다. 이 천체들은 매우 멀리 있으면서도 극단적으로 밝은 퀘이사quasar와 강한 X선을 방출하는 X선 천체, 그리고 매우 규칙적으로 강한 전파를 방출하는 펄사 pulsar였다.

퀘이사는 매우 멀리 있고 매우 밝은 천체였을 뿐 아니라 크기도 매우 작았다. 과학자들은 어떻게 그토록 작은 천체가 어떻게 그렇게 멀리서 그렇게 밝은 빛을 내는지 이해하기 위해 머리를 싸맸다. 결국 결론은 그 천체의 중심에 거대한 블랙홀이 있어서 물질이 블랙홀로 빨려들어 가며 그렇게 강하고 높은 에너지의 빛을 내고 있다고 생각하지 않을 수 없었다. 오늘날 퀘이사는 우주 초기에 만들어진 거대한 블랙홀을 가진 은하의 중심핵인 것으로 생각되고 있다.

한편 규칙적으로 강한 전파를 방출하는 펄사는 질량이 큰 별이 초신성 폭발을 일으킨 후 중력 붕괴로 중성자별이 되어 빠른 속도로 자전하면서 전파를 쏘아대는 것으로 밝혀졌다. 또 강한 X선을 방출하는 X선 천체들 중에는 질량이 매우 큰 별이 초신성 폭발을 일으킨 후 중력 붕괴로 블랙홀이 되어 이웃별의 물질을 빨아들이고 강한 X선을 방출하는 것이 있다고 해석한다.

블랙홀은 지난 230년 동안 여러 선도적 과학자들에 의해서 반복적으로 그 존재 가능성이 제기되었지만 블랙홀은 단지 이론상의 천체 혹은 가설상의 천체로 간주되어 왔다. 하지만 오늘날 천체 물리학자들은 더 이상 블랙홀의 존재를 의심하지 않는다. 아니 오히려 우주에 블랙홀이 존재하지 않는다면 천체 물리학자들이나 우주론 학자들은 무엇인가 근본적으로 잘못된 것이 아닌가 생각할 정도가 되었다.

그리고 블랙홀은 우연히 생겨난 존재, 다시 말해 우리 우주의 결함이나 특이한 사건으로 생겨난 사생아나 이단아라고 생각하지 않는다. 최근의 연구 결과로 블랙홀이 우주의 탄생에서부터 오늘에 이르기까지 중요한 역할을 해 왔음이 서서히 드러나고 있으며, 앞으로 블랙홀은 우리 우주의 탄생과 종말의 비밀을 풀어줄 열쇠로 주목받고 있다.

우리는 이제부터 어떻게 블랙홀이 아무도 믿지 못하던 단지 가설상의 천체에서 우주 진화의 주역으로 인정받게 되었는지 230년에 걸친 파란만장한 블랙홀의 역사를 살펴보며 블랙홀의 비밀을 찾아가는 여행을 시작할 것이다.

그동안 수많은 과학자들의 노력으로 블랙홀의 존재와 그 신비에 대해서 많은 것을 알게 되었지만 아직도 모르는 것이 더 많다. 실제로 블랙홀과 관련하여 밝혀지지 않은 많은 의문들과 가설들이 제기된다. 블랙홀의 반대 개념으로 화이트홀white hole이 등장하였는가 하면, 블랙홀과 화이트홀이 연결된 웜홀worm hole을 상상하기도 한다. 또 웜홀을 통하여 시간 여행을 꿈꾸고, 다른 우주로 갈 수 있다는 상상을 하기도 한다. 또 어떤 학자들은 이들을 설명하기 위해 다중 우주 이론multiverse theory을 내놓기도 한다.

아직도 우주에는 풀리지 않은 많은 수수께끼와 숨겨진 신비가 남아 있다. 블랙홀을 이해하는 것은 우주에 대한 궁극적인 비밀과 신비를 푸는 문으로 나가는 열쇠가 될지도 모른다.

블랙홀은 어떻게 과학의 역사에 등장하였고 어떤 과정을 거쳐서 우주에 실재하는 하나의 천체로서 인정을 받게 되었는가? 블랙홀에 대한 연구는 현재 어떻게 진행되고 있으며 아직 풀리지 않고 남아 있는 블랙홀의 수수께끼는 무엇인가? 이 장에서는 블랙홀의 이론적 예측으로부터 과학적 연구 대상이 되기까지 파란만장했던 블랙홀의 역사를 개괄적으로 살펴보기로 하자.

블랙홀의 역사

블랙홀 연대기

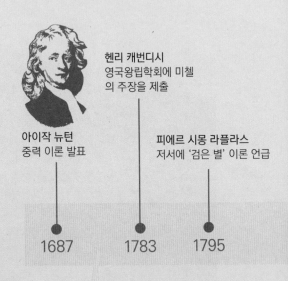

헨리 캐번디시
영국왕립학회에 미첼
의 주장을 제출

아이작 뉴턴
중력 이론 발표

피에르 시몽 라플라스
저서에 '검은 별' 이론 언급

1687   1783   1795

존 미첼
'검은 별' 이론을 주장하다

블랙홀 이론이 처음 제기되었을 때 대부분의 과학자들은 블랙홀을 단지 이론상의 천체에 지나지 않으며 현실에서는 존재하지 않는 천체로 간주하였습니다. 이러한 상황은 상대성 이론을 통해 블랙홀이 다시 예측되었을 때도 마찬가지였습니다. 하지만 관측 기술의 발전으로 마침내 고중력 천체들이 발견되자 상황은 급격히 바뀌었습니다. 블랙홀의 존재를 인정하는 과학자들은 계속 늘어났고 이제는 거의 모든 과학자들이 블랙홀의 실재를 인정하고 있습니다. 그뿐이 아닙니다. 블랙홀은 이제 우주 진화의 숨은 주역이자 우주의 탄생기부터 반드시 있어야 할 주인공으로 그 위상이 나날이 높아지고 있습니다.

수브라마니안 찬드라세카르
백색 왜성의 질량 한계 예측

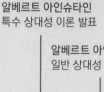

스티븐 호킹
블랙홀은 모든 것을 빨아들
이기만 하는 것이 아니라 빛
을 방출할 수 있다고 주장

알베르트 아인슈타인
특수 상대성 이론 발표

알베르트 아인슈타인
일반 상대성 이론 발표

조셀린 벨 버넬
펄사 발견

1905	1915	1931	1967	1974

칼 슈바르츠실트
일반 상대성 이론의 장 방정
식을 별에 적용하여 풀다

1960년대
새로운 천체 발견
(퀘이사, X선 천체, 펄사)

존 휠러
'블랙홀'이라는
이름을 짓다

프리츠 츠비키와 로버트 오펜하이머
중성자별 예측

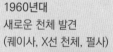

> 66 만약 자연 속에 밀도가 태양보다 작지 않고,
> 지름이 태양보다 500배 이상 큰 천체가 존재한다면……
> 그 천체가 내뿜는 빛이 우리에게 도달할 수 없을 것이다. 99
> – 존 미첼(영국의 지질학자, 영국왕립학회에 제출한 논문에서)

블랙홀은 보이지 않는 별, 다시 말해 '검은 별'이라는 이름으로 과학의 역사에 처음 등장했다.

우주에 블랙홀이 존재할 수 있다는 근거는 뉴턴의 중력 이론에서 비롯되었다. 별의 중력은 그 질량에 비례하여 커지는데 별의 질량이 매우 커지면 별에서 방출되는 빛조차도 중력을 이기지 못해 밖으로 빠져나오지 못하여 별이 보이지 않게 된다는 것이다.

'검은 별' 이론이 학계에 처음 제출되었을 때 그 존재를 믿는 과학자는 아무도 없었다. 당시 과학자들의 관점에서는 그런 천체는 이론적으로는 가능할지 몰라도 현실에서는 도저히 존재할 수 없는 천체로 생각되었기 때문이었다.

그로부터 130여 년이 지난 1915년에 아인슈타인이 뉴턴의 중력 이론을 수정한 일반 상대성 이론theory of general relativity을 발표하자 블랙홀은 아인슈타인의 중력장 방정식 안에서 '특이점singularity'의 형태로 다시 부활하였다. 하지만 이번에도 아인슈타인을 포함한 대부분의 과학자들은 그것이 자연을 수학적으로 단순화한 결과로 나타난 수학상 문제라고 간주하고 무시해 버리는 우를 범하고 말았다.

그로부터 다시 50여 년 지난 1960년대에 이르러 우주 관측 기술의 발전으로 이전에는 보지 못했던 매우 강한 중력의 천체들이 잇달아 발견되면서 새로운 전기가 마련되었다. 이 천체들은 기존의 학설로는 설명이 되지 않아서 블랙홀의 존재 가능성을 신중히 검토하지 않을 수 없게 된 것이다.

연구가 진행되면서 블랙홀의 존재를 인정하는 과학자들은 계속 늘어났고 이제는 거의 모든 과학자들이 블랙홀의 실재를 인정하고 있다. 그뿐이 아니다. 그동안 블랙홀은 우주에서 극히 드물게 나타나는 희귀한 존재로 우주의 사생아나 이단아 취급을 받아 왔지만 이제는 우주 진화의 숨은 주역으로 우주의 탄생기부터 반드시 있어야 할 주인공으로 그 위상이 나날이 높아지고 있다.

보이지 않는 별

블랙홀 이론의 근거는 1687년 영국으로 거슬러 올라간다. 이 해에 영국의 아이작 뉴턴은 하늘에서 일어나는 천체의 운동과 지상에서 일어나는 물체의 낙하 운동을 통일적으로 설명하는 중력 이론을 그의 저서 《자연 철학의 수학적 원리Phillosophiae Naturalis Principia Mathematica》(줄여서 '프린키피아Principia'라고도 부른다)를 통해서 발표했다. 뉴턴의 중력 이론은 뉴턴이 발견한 운동 법칙과 더불어 자연계에서 일어나는 모든 운동을 잘 설명할 수 있어서 과학계에 새로운 혁명을 일으켰다.

뉴턴은 빛에 대한 연구로도 유명한데, 그는 저서 《광학Opticks》에서 빛의 본성을 '눈에 보이지 않는 작은 입자의 흐름'으로 설명했다. 이것을 빛의 입자설particle theory of light이라고 한다.

그로부터 약 100년이 지난 후 영국의 자연 철학자이자 지질학자인 존 미첼은 뉴턴의 중력 이론과 빛의 입자설을 별에 적용하여 '검은 별' 이론을 제창했다. 미첼의 주장은 영국의 저명한 물리학자 헨리 캐번디시Henry Cavendish(1731~1810)가 1783년에 영국왕립학회에 제출함으로써 '빛을 내지 않는 검은 별' 이론으로 세상에 알려졌다. 그것은 별의 중력이 매우 강해지면 별에서 방출된 빛이 별 밖으로 빠져나올 수 없다는 생각이었다. 그리고 하늘에 이런 별이 존재해도 그 별에서 방출되는 빛은 우리 눈에 도달하지 않기 때문에 우리 눈에는 '보이지 않는 별,' 다시 말해 '검은 별'이 된다는 것이었다.

한편 프랑스의 수학자 피에르 시몽 라플라스도 미첼과 같은 생각을 1795년 저서에 발표하였다. 미첼과 라플라스 사이에 어떤 교감이 오갔는지는 알 수 없으나 두 사람이 거의 비슷한 시기에 똑같은 결론에 도달한 것은 결코 우연이 아니다. 이들의 이론은 당시 과학계에서 그 정당성을 널리 인정받고 있던 뉴턴의 중력 이론에 기초를 두고 있어서 자연스럽게 똑같은 논리적 결론에 도달할 수 있었을 것이기 때문이다.

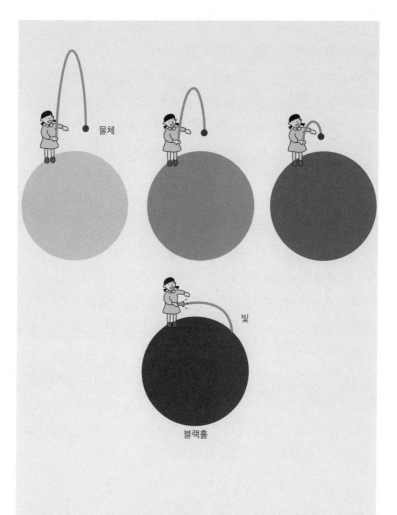

물체

빛

블랙홀

검은 별. (위) 천체의 질량이 증가할수록 물체를 끌어당기는 중력이 강해진다. (아래) 빛도 탈출할 수 없을 정도로 천체의 중력이 강해지면 그 천체는 보이지 않는 '검은 별'이 된다.

'검은 별'이 이론적으로 존재할 수 있다고 해도, 그 존재를 확인할 방법이 없다면 '검은 별'은 과학적 연구의 대상이 될 수 없다. 어떤 과학 이론이든 관측이나 실험을 통해서 검증이 가능해야 하고, 또 이러한 검증을 통과한 이론만이 과학적 사실로 인정받기 때문이다.

미첼은 '검은 별'이 존재할 수 있다는 추측에만 그치지 않고, '검은 별'의 존재를 확인할 수 있는 방법도 제시했다. 그것은 '검은 별'은 외부로 빛을 방출하지 않지만 가까이 있는 다른 천체에 중력을 미치므로 검은 별 주위를 도는 다른 천체의 운동을 관찰하여 검은 별의 존재를 추론할 수 있다는 것이다.[•]

하지만 미첼의 기대와 달리 '검은 별' 이론은 곧 과학자들의 관심 밖으로 완전히 밀려나게 된다. 그 이유는 검은 별의 존재를 받아들이기 어려웠을 뿐 아니라 당시의 망원경이나 관측 기술로는 '검은 별' 주위 별들의 운동을 관측하여 '검은 별'의 존재를 밝히는 것이 거의 불가능했기 때문이다. 게다가 얼마 후 빛이 알갱이로 구성된다(빛의 입자설)는 뉴턴의 주장을 뒤집는 빛의 파동설wave theory of light이 등장했기 때문이다.[••] 당시 과학자들은 파동은 에너지의 흐름으로 질량을 갖지 않아 중력의 영향을 받지 않는다고 생각했다. 이 때문에 과학자들은 진지하게 '검은 별'을 찾으려는 시도조차 하지 않았다.

● 미첼이 제안한 이 방법은 오늘날에도 블랙홀의 존재를 검증하는 방법으로 활용된다. 예를 들면, 최근 우리 은하의 중심에 있는 블랙홀의 존재와 질량을 알아내는 데 이 방법이 사용되어 은하 중심에 블랙홀이 있고, 그 질량이 태양 질량의 약 460만 배라는 것을 알아낸 바 있다.

●● 1801년에 영국의 토머스 영Thomas Young이 빛의 간섭 실험을 통해서 빛이 파동의 성질을 갖는다는 것을 밝힌 이후 이를 입증하는 증거들이 잇달아 발견되면서 파동설은 폭넓게 지지 받았다. 하지만 1890년에 발견된 광전 효과 현상은 파동설로 설명되지 않고, 아인슈타인의 광양자설(입자설)로 설명이 되면서 빛은 파동성과 입자성을 동시에 갖는 것으로 확인된다.

일반 상대성 이론의 특이점

미첼의 검은 별 이론이 제기되고 100년이 넘게 지난 20세기 초가 되자 상황은 급변하기 시작했다. 이 시기는 물리학 역사상 최대의 격동기로서 물질의 기본 입자인 원자의 구조가 밝혀지고, 상대성 이론과 양자역학이 등장하여 고전 물리학에서 현대 물리학으로 패러다임의 전환이 진행되던 시기였다.

20세기 초 아인슈타인이 발표한 상대성 이론은 물리학자들이 가지고 있던 기존의 시간과 공간, 그리고 물질과 에너지의 개념을 송두리째 바꾸어 놓았다. 뉴턴 이후 물리학에서 시간과 공간, 그리고 물질은 서로 무관한 존재로 알고 있었지만, 1905년에 발표된 특수 상대성 이론theory of special relativity은 시간과 공간을 새로운 '시공간' 개념으로 통합하였고, 1915년에 발표된 일반 상대성 이론은 여기에 다시 중력을 통합하였다.

뉴턴 역학에서는 중력을 질량 사이에 작용하는 힘의 크기와 방향으로 나타내지만, 일반 상대성 이론에서는 시공간 기하학 구조의 왜곡으로 나타낸다. 다시 말해 상대성 이론에서는 물질이 있으면 중력이 작용하고, 중력은 시간과 공간에 영향을 미친다고 해석한다.

이와 같이 중력을 새롭게 해석한 일반 상대성 이론이 발표되자 블랙홀 개념이 다시 등장하였다. 일반 상대성 이론에서 블랙홀 개념을 끌어낸 사람은 독일 포츠담천문대장이던 칼 슈바르츠실트이다. 슈바르츠실트는 아인슈타인이 발표한 일반 상대성 이론의 장 방정식을 별

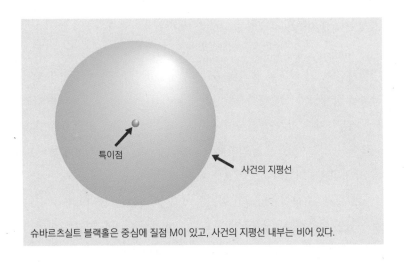

슈바르츠실트 블랙홀은 중심에 질점 M이 있고, 사건의 지평선 내부는 비어 있다.

에 적용하여 계산해 보았다.

 슈바르츠실트가 장 방정식을 풀어서 얻은 해는 시공간의 한점에 물질이 모이면, 그 점 주위에 특이한 구면이 생기는데 그 안에서는 빛 조차도 밖으로 빠져나오지 못하는 것이었다. 구면의 반지름(슈바르츠실트 반지름Schwarzschild radius이라 부름)은 그 안에 있는 물질의 질량에 비례하는데, 미첼과 라플라스가 유도한 검은 별의 반지름과 동일했다. 그리고 구면의 중심에는 중력과 밀도가 무한대가 되는 '특이점' *이 있었다.

 슈바르츠실트 반지름은 빛이 밖으로 빠져나오지 못하는 경계선으로 블랙홀의 경계 혹은 표면을 가리킨다고 볼 수 있다. 이 경계를 사건의 지평선event horizon이라고 부른다. 이렇게 하여 슈바르츠실트는 200

---

* 특이점은 일반 상대론에서 부피가 0이고 밀도가 무한대가 되어 블랙홀이 되는 질량체가 붕괴하게 된다는 이론적인 점을 말한다.

여 년 전에 미첼이 예측했던 '검은 별'을 다시 부활시켰다. 미첼의 검은 별이 중력이 매우 커서 빛조차 빠져나올 수 없는 고밀도의 질량 덩어리라면, 슈바르츠실트 블랙홀Schwarzschild black hole은 슈바르츠실트 반지름 안에 갇혀 휘어져 있는 시공간과 그 중심에 있는 특이점이 되는 셈이다.

그러면 아인슈타인의 일반 상대성 이론이 예측하는 슈바르츠실트 블랙홀과 뉴턴의 중력 이론으로 예측되는 검은 별은 완전히 동일한 것일까 아니면 어떤 차이가 있는 것일까? 두 이론은 궁극적으로 천체가 보이지 않게 된다고 예측하는 점에서는 동일하다. 다시 말해 별의 질량 또는 밀도가 어떤 한계치 이상으로 커지면 강한 중력 때문에 빛조차 탈출할 수 없게 되어 블랙홀이 된다고 예측하는 점에서는 같다.

하지만 블랙홀이 우리 눈에 보이지 않게 되는 이유는 완전히 다르다. 미첼의 '검은 별' 이론에서는 강한 중력 때문에 빛의 속도가 점점 느려져서 다시 별 표면으로 떨어진다고 설명하는 반면, 슈바르츠실트 블랙홀에서는 블랙홀의 강한 중력으로 인해 주변의 시공간이 휘어져서 빛이 그 속에 갇혀 버리는 것이라고 설명한다. 좀더 쉽게 설명하면 미첼의 검은 별에서는 별의 강한 중력으로 인해 별빛의 속도가 점점 느려져서 사건의 지평선을 넘어서지 못한다고 설명하는 반면, 슈바르츠실트 블랙홀에서는 빛의 속도는 느려지지 않으나(특수 상대성 이론에서 빛의 속력은 일정하다) 슈바르츠실트 반지름에서 시간이 무한히 느려지기(일반 상대성 이론에서 시간은 중력이 강한 곳에서 느리게 간다) 때문에 사건의 지평선을 넘어서지 못한다는 것이다.[*]

블랙홀의 전령처럼 홀연히 나타나서 블랙홀을 현대적 개념으로

---

* 이 현상은 블랙홀 주위의 시공간이 완전히 휘어져 있어서 빛이 휘어진 경로를 따라가기 때문에 사건의 지평선을 넘어서지 못한다고 해석할 수도 있다.

부활시켰던 슈바르츠실트는 1차 세계 대전에 참전하여 얻은 병으로 인하여 불과 몇 달 후에 사망하고 만다. 그리고 얼마 가지 않아서 블랙홀은 과학자들로부터 다시 외면을 받게 된다. 그 당시의 과학자들이 볼 때 슈바르츠실트의 특이점은 말도 안 되는 개념이었다. 특이점은 밀도와 중력이 무한대가 되는 점이어서 물리 법칙을 적용하거나 물리학 자체가 성립하지 않는 점이었기 때문이다. 심지어 일반 상대성 이론의 주창자인 아인슈타인조차도 슈바르츠실트의 특이점은 현실에서는 존재하지 않는다고 선언하기에 이른다.

별의 죽음으로 태어나는 블랙홀

그런데 대다수의 물리학자들이 일반 상대성 이론이 예견하는 블랙홀이라는 존재를 못마땅해하며 무시하는 동안, 별의 죽음을 연구하던 천체 물리학자들은 뜻밖에도 블랙홀과 맞닥뜨리게 된다.

천체 물리학자들은 성간에서 별이 어떻게 생성되고, 중력에 저항하여 어떻게 형태를 유지하며, 어떤 상태로 죽음을 맞는지 연구하고 있었다. 당시 이들의 주요 관심사는 "별이 핵연료를 모두 소모하고 핵융합이 끝나면 별의 운명은 어떻게 될 것인가?" 하는 것이었다.

아인슈타인의 일반 상대성 이론에 대한 연구와 검증 실험으로 유명한 천체 물리학자 에딩턴은 "핵연료를 소진한 별의 중심핵은 수축하여 최종적으로 백색 왜성white dwarf으로 끝난다"는 결론을 내렸다. 하지만 인도 출신의 천재 물리학자 찬드라세카르는 이에 동의하지 않았다. 그는 별의 질량이 태양 질량의 1.4배가 넘으면 별의 수축은 백색 왜성에서 멈추지 않는다는 계산 결과를 내놓았다. 그것은 별이 보다 더 극적인 과정, 이를테면 블랙홀로 종말을 맞게 될 수도 있음을 예견하는 것이었다.

한편 독일의 천문학자 발터 바데Walter Baade(1893~1960)와의 토론을 통해서 초신성에 관심을 갖게 된 물리학자 프리츠 츠비키Fritz Zwicky(1898~1974)는 무거운 별들이 핵융합이 멎으면 초신성 폭발이 일어나고 남은 별의 중심핵은 중성자별neutron star이 된다는 견해를 내놓았다. 츠비키는 당시 새로 발견된 중성자neutron에서 영감을 얻어 중성자들이 빽빽이 들어찬 고밀도의 중성자별이 만들어질 수 있다는 착상을 하였고 이후 과학자들은 백색 왜성보다 훨씬 더 높은 밀도를 갖는 중성자별에 대한 관심이 높아졌다.

1939년에 미국의 이론 물리학자 로버트 오펜하이머는 매우 무거운 별이 수축을 계속하면, 중성자로 이루어진 별이 된다고 예견하였다. 그런데 오펜하이머는 핵의 질량이 태양 질량의 1.4배 이상인 경우 백색 왜성이 만들어질 수 없는 것처럼, 중성자별의 경우에도 중성자들이 중력을 버틸 수 있는 질량에 한계가 있다는 생각을 했다. 오펜하이머는 핵의 질량이 태양의 몇 배 이상이 되면 수축해 들어오는 중력을 막지 못하고 무한히 작고 무한한 밀도를 갖는 점으로 붕괴된다는 계산 결과를 얻었다.

하지만 별의 죽음에 대한 연구는 더 이상 진행되지 못했다. 얼마

후 2차 세계 대전이 발발했기 때문이다. 전쟁으로 인해 연구 지원이 중단되어 연구팀이 해체되거나 전쟁 관련 연구를 하게 되었다. 별의 죽음을 연구하던 오펜하이머도 원자 폭탄 개발 프로젝트에 책임자로 원자 폭탄 개발에 참여하게 되었다.

고중력 천체들의 발견

2차 세계 대전이 끝난 후 블랙홀 관련 연구는 전혀 다른 방향으로 전개된다. 전쟁 중에 개발되었던 레이더와 로켓 기술이 천체 관측의 새로운 장을 열어놓았기 때문이다. 새로운 관측 기술과 새로 개발된 관측 장비의 도움으로 1960년대에는 놀라운 천체들이 잇달아 발견된다. 퀘이사의 발견을 시작으로 X선 천체, 펄사 등 파장이 짧고 높은 에너지 영역의 전자기파를 방출하는 천체들이 계속 발견되었다.

1963년에 발견된 퀘이사는 그동안 전파를 방출하는 우리 은하계 안에 있는 평범한 별로 생각되었다. 하지만 스펙트럼 분석 결과 수십억 광년 너머에 있을 뿐 아니라 은하보다 훨씬 더 밝고 태양계만큼 작은 천체라는 사실이 밝혀져서 천문학자들을 깜짝 놀라게 만들었다.

이듬해에는 X선 검출 장치를 장착한 고고도 로켓이 백조자리Cygnus에서 강한 X선을 방출하는 천체를 발견하였다. '백조자리 X-1Cygnus X-1'이라 명명된 이 천체는 항성의 붕괴로 형성된 블랙홀일 가능성이 매우 높은 것으로 생각되었다. 1967년에 우연히 발견된 펄사는 강한 전파를 매우 규칙적으로 보내오고 있어서 처음에는 외계인이 보내는 신호가 아닌가 하고 주목을 받기도 했다.

우주 저 멀리서 강한 전파와 빛, X선 등을 보내오는 천체들이 잇달아 발견되자 이들이 어떻게 높은 에너지를 생성하여 방출하는지 그 메커니즘을 알아내기 위한 연구가 활기를 띠었다. 이러한 연구에 앞장섰던 과학자들로는 미국 프린스턴 대학의 존 휠러John Wheeler(1911~2008)와 러시아의 야콥 보리소비치 젤도비치Yakov Borisovich Zel'dovich(1914~1987) 등을 꼽을 수 있다.

그동안 일반 상대성 이론은 현대 물리학의 토대를 닦은 매우 중요한 이론임에도 불구하고 적용되는 범위가 매우 제한적이어서 우주론을 연구하는 극소수의 과학자들에 한정되어 있었다. 하지만 강한 중력을 갖는 천체들이 잇달아 발견됨으로써 일반 상대성 이론에 대한 과학자와 수학자들의 관심이 되살아났다.

영국의 수학자 로저 펜로즈Sir Roser Penrose(1931~)는 일반 상대성 이론과 관련된 측면을 연구하는 데 유용한 기하학적 기법들*을 개발했으며, 뉴질랜드의 수학자 로이 패트릭 커Roy Patrick Kerr(1934~)는 아인슈타인 장 방정식의 새로운 해를 구했다. 커의 해는 구대칭인 중력원이 회전하는 경우의 해로 자전하는 블랙홀을 나타내고 있었다.

천체들은 대부분 자전하고 있다. 행성이나 위성은 물론이고 별들과 은하도 마찬가지다. 따라서 블랙홀도 회전할 가능성이 있다. 블랙홀의 회전 여부는 알아내기 힘들지만, 천체 물리학자들은 많은 경우에 회전할 것으로 보고 있다. 만약 이런 생각이 옳다면 커의 해가 보다 일

● 펜로즈 다이어그램Penrose diagram이라 불리는 이 기법은 블랙홀의 특성을 다루는 데 유용하다는 사실이 입증되었다.

반적인 블랙홀을 기술하는 것이고, 슈바르츠실트 해Schwarzchild's solution
는 특별한 블랙홀을 기술하는 것이 될 것이다.

블랙홀의 전령, 퀘이사

1963년에 발견된 퀘이사(Quasar: Quasi-stellar radio source) [*]는 천문학계에
엄청난 충격을 불러온 천체이다. 퀘이사는 매우 멀리 있음에도 불구하
고 굉장히 밝게 보였다. 천문학자들에게 우주의 먼 곳에서 그렇게 엄청
난 에너지를 방출하는 천체가 존재한다는 사실은 도저히 믿겨지지 않
았지만 틀림없는 사실이었다. 이후 퀘이사의 메커니즘, 다시 말해 퀘이
사가 어떻게 그렇게 먼 곳에서 어떻게 그렇게 막대한 에너지를 방출할
수 있을까 하는 의문은 천문학계의 가장 중요한 연구 주제가 되었다.

퀘이사의 또 다른 놀라운 점은 에너지를 방출하는 지점, 다시 말
해 광원의 크기가 매우 작다는 것이다. 광원의 크기는 퀘이사의 광도
변화 주기로 측정된다. 퀘이사의 광도는 밝기가 거의 일정한 별들과
달리 주기적으로 밝았다 어두웠다 하는데, 이 주기를 측정하면 천체
의 크기를 알아낼 수 있다. 예를 들어 최초로 발견된 퀘이사 3C273은
1~2년 주기로 밝기가 변하는데, 이것은 이 천체의 크기가 1~2광년
정도밖에 안 된다는 것을 말해 준다. [**] 또 퀘이사의 밝기는 보통의 은

---

[*] 퀘이사는 '준성 전파원'이라는 뜻으로 별처럼 보이면서 강한 전파를 방출하고 있어서 이런 이
름이 붙었다. 이들이 모두 강한 전파를 방출하는 것은 아니기 때문에 정식 명칭은 준성체(QSOs:
Quasi-stellar objects)로 수정되었으나 통상적으로 퀘이사로 불린다.

[**] 보통 은하의 크기가 1만 광년 이상인 것을 감안하면 이 천체의 크기는 은하의 1만 분의 1 이하
가 된다.

하늘에 비하면 수백 배 이상 밝은데, 이것은 퀘이사가 보통의 천체들과 매우 다른 방식으로 빛나고 있음을 말해 준다.

퀘이사의 크기는 은하 크기의 $\frac{1}{10000}$ 이하 정도로 작지만 밝기는 은하보다 수백 배 이상 더 밝다. 퀘이사가 수천억 개의 별들로 이루어진 은하보다 수백 배 이상 더 밝게 빛나려면 광원이 1~2광년 범위 안에 은하의 모든 별들보다 수백 배 더 많이 몰려 있어야 할 것이다. 이것은 물리적으로 불가능한 일이다. 그렇다면 퀘이사는 별들의 엔진인 핵융합 반응으로 빛난다고 생각할 수 없다고 결론을 내릴 수 있다.

1964년 러시아의 야콥 보리소비치 젤도비치와 미국의 천문학자 에드윈 살피터Edwin Salpeter(1924~2008)는 각각 독립적으로 퀘이사의 중심에 블랙홀이 있다는 가설을 제안했다. 이들의 주장은 퀘이사의 중심에 거대 블랙홀이 있어서 블랙홀로 빨려 들어 가는 가스들이 블랙홀의 사건 지평선을 넘어서 블랙홀 속으로 사라지기 전에 엄청나게 뜨거운 온도로 가열되면서 엄청난 빛을 방출한다는 것이었다.

두 사람이 제안한 가설은 당시 유력한 블랙홀 후보로 손꼽히던 백조자리 X-1을 전파와 X선 망원경, 그리고 광학 망원경으로 관측한 결과와 잘 일치한다는 사실이 밝혀졌다. 한편 영국의 천문학자인 도널드 린든벨Donald Lyden-bell(1935~)과 마틴 리스Martin Rees(1942~)는 퀘이사 중심에 있는 거대 블랙홀이 1년에 태양 1개 분량의 가스를 빨아들이면 3C273이 방출하는 빛의 밝기와 비슷하다는 계산 결과를 내놓았다.

만약 이러한 주장이 사실이라면 퀘이사는 당연히 은하 속에 있을 것으로 예상되었다. 왜냐하면 엄청난 에너지를 방출하는 거대 블랙홀

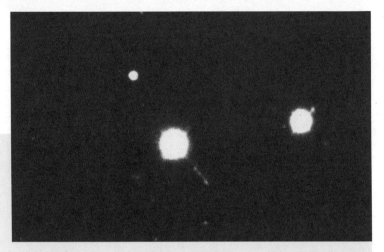

퀘이사 3C273. 가운데 보이는 천체가 최초로 발견된 퀘이사 3C273이다. 오른쪽 아래로 퀘이사에서 분출되는 제트가 보인다. 퀘이사는 중심에 거대 블랙홀을 가진 초기 은하의 핵으로 밝혀졌다.

이 활발하게 활동할 수 있으려면 많은 양의 가스가 지속적으로 공급되어야 하는데, 그런 조건을 만족하는 최적의 장소는 많은 가스를 포함하고 있는 은하의 중심부이기 때문이다.

이후 천문학자들은 퀘이사 주위에서 은하의 흔적을 찾으려 노력했으나 그 증거를 찾기는 쉽지 않았다. 퀘이사는 매우 멀리 있는데다 무척 밝아서 그 주위에서 다른 천체나 구조물의 흔적을 찾기가 무척 힘들었기 때문이다. 이 문제는 1990년대 발사된 허블 우주 망원경 Hubble Space Telescope 관측으로 해결되었다. 우주 망원경은 지상 망원경보다 분해능resolution이 월등히 뛰어나 퀘이사가 은하의 중심부에 존재한다는 사실을 분명하게 보여 주었기 때문이다.

블랙홀이라는 이름을 얻다

퀘이사의 정체를 둘러싸고 과학자들 사이에 논란이 벌어지는 동안 또 다른 고중력 천체가 발견되었다. 1967년 여름, 영국 케임브리지 대학의 박사 과정 학생이던 조셀린 벨 버넬Jocelyn Bell Burnell(1943~)은 우주의 한 방향에서 매우 규칙적인 간격으로 전해오는 이상한 전파원을 발견하였다. 그것은 마치 우주 저편에서 외계인이 보내오는 신호처럼 매우 일정한 간격으로 오고 있었다.

하지만 이런 신호가 다른 곳에서도 오고 있다는 사실이 확인되면서 자연 현상이라는 것을 알게 되었다. 이 미지의 전파원은 주기적으로 박동한다는 의미에서 펄사●라 불리게 되었다. 외계인을 발견한 것이 아니라는 것이 분명해지자 흥분했던 신문과 방송 기자들은 금방 관심을 거두었지만 천체 물리학자들은 정교한 시계처럼 매우 짧은 주기로 전파를 내보내는 펄사의 정체를 밝히는 일에 몰두했다.

펄사의 정체에 대해 진동하는 백색 왜성이거나 회전하는 중성자별일 가능성이 높다는 이론이 제시되었다. 별들은 대부분 자전하고 있는데 우리 태양 역시 약 25일 주기로 자전하고 있다. 그런데 별이 수축하여 반지름이 작아지면 각운동량 보존 법칙conservation of angular momentum ●●으로 인해 자전 속도가 빨라진다. 만약 별의 반지름이 지구

● 펄사(맥동 전파원)는 일정한 주기로 펄스 형태의 전파를 방사하는 천체이다. 중성자별이 고속으로 자전하면서 전파, 빛, X선을 빔의 형태로 방출하는데, 그것이 지구를 향했을 때 주기적으로 관측된다.

●● 각운동량 보존 법칙은 외부에서 회전하는 물체에 회전력이 가해지지 않을 경우에 회전하는 물체의 총 각운동량이 변하지 않는다는 법칙이다. 각운동량은 물체의 회전 관성과 각 속도의 곱으로 정해진다.

펄사와 초신성 잔해. 펄사는 빠르게 자전하고 있는 중성자별임이 밝혀졌다. 사진은 가시광선과 X선으로 촬영한 게성운Crab nebula의 모습이다. 밝게 빛나는 이 성운의 중심에 펄사가 있다.

크기 이하로 작아지면 별은 몇 초에 한 바퀴를 돌 정도로 빨라진다. 이 주기는 펄사가 방출하는 전파 신호의 주기와 비슷하다. 그리고 작아진 별이 마치 등대처럼 특정한 방향으로 전파를 방출하면서 회전하게 되면 멀리 떨어진 지구에서는 이 신호가 주기적으로 전달될 수 있다.

한편 미국의 물리학자 존 휠러는 펄사를 주제로 한 강연에서 펄사의 중심에 블랙홀이 있을 가능성이 있다고 말했다. 이때 그는 펄사를 '중력적으로 완전히 붕괴된 물체'라고 설명하면서 '블랙홀Black Hole(검은 구멍)'이라는 용어를 처음 사용했는데, 이듬해에 강연 내용이 출판되면서 '블랙홀'이라는 용어가 널리 사용되기 시작했다.●

● 러시아의 블랙홀 연구의 권위자인 젤도비치와 이고르 드미트리예비치 노비코프Igor Dmitriyevich Novikov(1935~)는 중력 붕괴된 천체의 근처에서 시간이 느려지는 것에 주목하여 '얼어붙은 별frozen star'이라는 용어를 사용했다.

그러나 휠러의 기대와 달리 펄사의 정체는 블랙홀이 아니라 회전하는 중성자별이라는 사실이 밝혀졌다. 중성자별은 이미 30여 년 전에 츠비키와 오펜하이머가 이론적으로 예측했던 별이다.

중성자별은 중력이 매우 커서 일반 상대성 이론에서 예측하는 시공간의 왜곡이 극명하게 드러나는 천체이다. 중성자별 표면에서는 시간의 흐름이 크게 지체되므로 그 표면에 있는 시계를 멀리 있는 관측자가 보면 매우 느리게 간다. 그리고 표면에서 방출된 빛은 파장이 매우 길어져서 멀리 있는 관측자에게 매우 붉은색을 띠게 된다.

중성자별이 우주에 실제로 존재한다는 사실이 확인되자 천체 물리학자들은 흥분하기 시작했다. 찬드라세카르가 예측했던 대로, 백색왜성으로 버틸 수 있는 별의 질량에도 한계가 있음이 사실로 확인되었기 때문이다. 그렇다면 오펜하이머의 추측대로 중성자별이 버틸 수 있는 질량에도 한계가 있는 것이 아닐까? 그렇게 되면 별의 종말은 중성자별로 끝나지 않을 것이다. 그때에는 어떻게 될까?

중성자별이 더욱 수축되면 중력이 너무 강해져서 빛조차도 벗어나지 못하는 블랙홀이 형성될 가능성이 있다고 생각되었다. 이제 과학자들은 더 이상 블랙홀을 부정하거나 우주에 블랙홀이 실재하지 않는다고 생각할 수 없는 시점에 이르렀다. 이후 천체 물리학자들은 초신성폭발과 중력 붕괴, 그리고 아인슈타인의 일반 상대성 이론과 중력에 의한 시공간의 왜곡 등을 중요한 연구 주제로 삼아 연구하기 시작했다.

블랙홀은 '블랙'이 아니다

은하 중심에 거대 블랙홀이 존재하고, 또 우리 은하 안에 중성자별이 존재한다면 별의 죽음으로 생성되는 블랙홀(항성 블랙홀)도 분명히 존재할 것이다. 하지만 이것을 입증하려면 우주 공간에 있는 항성 블랙홀stellar black hole을 찾아야만 한다. 이것을 어떻게 찾을 것인가? 항성 블랙홀이 우주 공간에 홀로 존재한다면 찾아내기 어렵겠지만 퀘이사처럼 주변에 가스를 공급해 주는 대상이 있다면 퀘이사처럼 밝게 빛날 수 있다.*

1970년대에 들어와 블랙홀 연구가 확산되면서 천문학자들은 우주 안에서 블랙홀을 조심스럽게 탐색하기 시작했다. 우주의 별들은 우리 태양과 같이 단독으로 있는 별들이 많지만 두 개 이상의 별들이 중력적으로 결합된 연성계binary star system를 이루고 있는 별들도 매우 많다. 만약 연성계를 이루는 별들 중 어느 한쪽 별이 종말을 맞아서 블랙홀이 된다면 이웃한 동반성의 가스를 빨아들이는 과정에서 그 존재가 드러날 가능성이 있다. 블랙홀이 동반성의 물질을 빨아들이는 과정에서 X선이 발생되기 때문이다.

천문학자들은 이와 같은 이론에 입각하여 우리 은하와 이웃한 은하들 안에서 강한 X선을 방출하면서 X선의 강도가 급격하게 변하는 여러 X선 천체들을 찾아내서 집중적으로 연구한 결과 이들 중 다수가 블랙홀이 틀림없는 것으로 여기고 있다.

한편 블랙홀을 연구하는 이론 물리학자들은 일반 상대성 이론과 양자 역학을 이용하여 블랙홀의 놀라운 특성을 하나 둘씩 밝혀내기

● 이런 이유로 항성 블랙홀을 마이크로 퀘이사라고도 한다.

시작했다. 1974년 영국의 스티븐 호킹Stephen Hawking(1942~)은 양자론을 블랙홀에 적용시켜 블랙홀에 대한 기존의 생각을 완전히 뒤엎는 놀라운 결론을 끌어냈다. 그것은 블랙홀이 모든 것을 빨아들이기만 하는 것이 아니라 다른 천체들처럼 빛을 방출할 수 있다는 것이다. 호킹은 일반 상대성 이론의 산물인 블랙홀에 양자 이론을 적용시켜 블랙홀이 물질을 방출할 수 있다는 결론을 끌어낸 것이다.

여기서 유도되는 블랙홀의 또 다른 놀라운 특성은 블랙홀이 가진 질량을 모두 증발시켜 버리고 사라져 버릴 수도 있다는 것이다. 블랙홀의 증발 속도는 질량이 작을수록 커지는데, 별의 죽음으로 만들어지는 항성 블랙홀이나 은하 중심의 거대 블랙홀은 크기가 크기 때문에 증발 속도가 아주 느려서 관측이 어렵지만, 우주 초기에 밀도 요동으로 만들어진 질량이 매우 작은 미니 블랙홀mini black hole은 증발 속도가 빨라 증발하면서 방출하는 복사선을 관측할 수 있을 것이라는 예측을 내놓았다. 만약 이러한 호킹의 주장이 옳다면 블랙홀은 더 이상 '블랙'이 아닌 셈이다.

그런데 호킹의 연구는 또 다른 의문을 불러왔다. "블랙홀이 증발하여 사라지고 난 자리에는 무엇이 남는가?" 하는 것이다. 이에 대해 호킹은 "증발하고 남은 블랙홀의 잔광 외에 아무것도 남지 않는다"고 말한다. 그동안 블랙홀 속으로 무언가가 빨려 들어갈 때 갖고 있었던 정보들이 남는가 사라지는가 하는 문제가 제기되었는데, 호킹의 블랙홀 증발Black hole evaporation 이론으로 수면 밖으로 드러난 것이다.

이에 대한 호킹의 대답은 분명했다. "블랙홀로 무언가를 던지면 그 안에 들어 있는 정보는 영원히 소실된다"는 것이다. 블랙홀은 모든 정보를 붕괴시키기 때문이다. 하지만 대부분의 물리학자들은 이에 동의하지 않는다. 블랙홀 속으로 사라지면서 정보가 손실되는 것은 일반 상대성 이론의 필연적인 귀결로 보이지만, 이는 정보가 손실되지 않는다는 양자 역학의 원리에 위배되기 때문이다.

그런데 스티븐 호킹은 돌연히 2004년에 와서 블랙홀 속으로 빨려 들어간 물체의 정보가 영원히 사라진다는 기존의 주장을 뒤집고 "블랙홀에 빨려 들어간 정보도 방출된다"고 수정해 발표한 바 있다. 하지만 논란은 여기서 끝나지 않는다. "과연 그 정보는 어디에 저장되어 있었으며, 블랙홀이 증발한 후에는 어떤 상태로 다시 나타날 것인가?" 하는 의문이 뒤따르기 때문이다.

일반 상대성 이론으로 알아낼 수 있는 블랙홀의 연구에 한계가 있다는 사실을 자각한 학자들은 일반 상대성 이론과 양자 역학을 결합한 양자 중력 이론quantum gravity theory으로 눈을 돌리고 있다. 호킹은 블랙홀 연구에 양자 역학을 끌어들여 블랙홀이 증발한다는 놀라운 사실을 밝힌 바 있다. 하지만 양자 중력 이론은 아직 미완성이다. 앞으로 양자 중력 이론이 완성되어 블랙홀 연구에 적용되면 블랙홀의 숨겨진 신비가 벗겨질 것으로 기대된다.

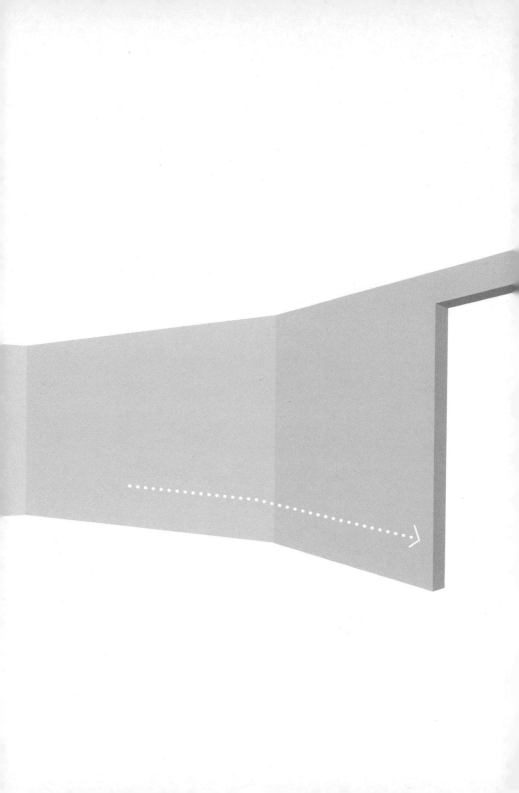

블랙홀은 뉴턴의 중력 이론과 아인슈타인의 상대성 이론으로 예측된다. 이 두 이론의 예측은 동일한가 아니면 차이점이 있는가? 모든 블랙홀은 그 특성이 모두 똑같은가, 아니면 다른 것도 있는가? 블랙홀의 종류는 얼마나 많으며 그들은 어떻게 구분되는가? 정말로 우리 우주 안에 블랙홀이 존재하는가? 만약 존재한다면 우리는 블랙홀을 어떻게 찾을 수 있는가? 과학자들은 우리 우주 안에서 어떤 블랙홀들을 얼마나 많이 찾아냈는가?

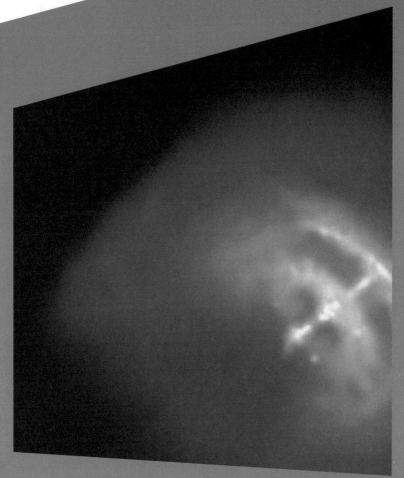

블랙홀의 이론

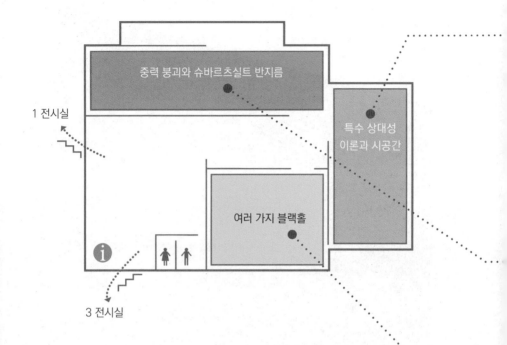

1 전시실

3 전시실

블랙홀은 물질이 갖는 자체 중력으로 인해 발생합니다. 물리학에서 중력을 설명하는 이론으로는 뉴턴의 중력 이론과 일반 상대성 이론이 있는데 이 두 가지 중력 이론은 모두 블랙홀을 예고하고 있습니다. 여기에서는 블랙홀이 존재할 것으로 예고한 중력 이론과 그동안 과학자들이 찾아낸 블랙홀을 살펴봅니다.

특수 상대성 이론과 시공간

아인슈타인은 다음과 같은 간단한 두 가지 근본 전제로부터 특수 상대성 이론을 끌어냈다. 첫째, 빛의 속도는 광원의 운동과 상관없이 일정해야 한다. 둘째, 등속 운동하는 모든 좌표계에서 물리 방정식은 동일하게 기술되어야 한다. 아인슈타인은 이러한 전제를 바탕으로 특수 상대성 이론의 놀라운 결론들, 다시 말해 광속에 가까운 속도로 움직이는 계에서는 시간이 느려지고, 길이가 수축되며, 질량이 증가하는 결과를 이끌어 냈다.

중력 붕괴와 슈바르츠실트 반지름

아인슈타인이 일반 상대성 이론의 장 방정식을 발표하고 두 달이 지난 후, 슈바르츠실트는 이 방정식을 완전 구대칭인 별에 적용하여 그 해를 발견했다. 이 해를 '슈바르츠실트 해'라고 한다. 슈바르츠실트 해는 구형의 질량체 주위의 휘어진 시공을 기술한다. 예를 들어 태양을 구로 간주하면, 태양 주위의 시공 구조를 묘사한다고 볼 수 있다.

여러 가지 블랙홀

블랙홀의 특성은 질량과 전하량, 각운동량에 의해 결정된다. 모든 블랙홀은 이 세 가지 성질을 제외하면, 똑같은 모양과 성질을 가질 것으로 예상된다. 블랙홀이 갖는 세 가지 물리량에 따라 이론적으로 고려할 수 있는 블랙홀 모델은 다음 네 가지다. (1) 질량만 갖는 슈바르츠실트 블랙홀, (2) 질량과 각운동량을 갖고 전하를 갖지 않는 커 블랙홀, (3) 질량과 전하를 가지나 각운동량이 없는 라이스너-노르드스트룀 블랙홀, (4) 질량과 각운동량과 전하를 가지는 커-뉴먼 블랙홀.

❝ 아인슈타인의 일반 상대성 이론의 방정식들은
그의 최고의 비문이자 기념비이다. ❞

– 스티븐 호킹, 《호두 껍질 속의 우주》에서, 이스라엘 초대 대통령
추대 제의를 거절하고 "정치는 순간이지만 방정식은 영원하다"는
말을 남긴 아인슈타인을 칭송하며 쓴 글)

블랙홀은 중력장gravitational field이 매우 강하여 가까이 다가오는 것은 무엇이든지 안으로 빨아들여 다시 빠져나오지 못하게 만드는 천체이다. 다시 말해 블랙홀은 사건의 지평선이라 불리는 어떤 영역의 경계 안으로 들어가면 어느 것도 빠져나올 수 없는 시공간의 영역을 의미한다.

　블랙홀은 물질이 갖는 질량 사이에 작용하는 중력으로 인해 발생한다. 물리학에서 중력을 설명하는 이론으로는 뉴턴의 중력 이론과 일반 상대성 이론이 있다. 그런데 이 두 가지 중력 이론은 모두 블랙홀을 예고하고 있다. 먼저 뉴턴의 중력 이론에서는 블랙홀의 존재를 어떻게 예측하는지부터 살펴보도록 하자.

뉴턴의 중력 이론으로 본 블랙홀

1687년 영국의 아이작 뉴턴은 하늘에서 일어나는 천체의 운동과 지상에서 일어나는 물체의 낙하 운동을 통일적으로 설명하는 중력 이론을 저서《자연 철학의 수학적 원리》를 통해서 발표했다.

이 중력 이론은 질량을 가진 물체 사이에는 질량의 곱에 비례하고 거리의 제곱에 반비례하는 인력이 작용한다는 것이다. 다시 말해 질량이 m과 M인 두 물체가 거리 r만큼 떨어져 있을 때, 이들 사이에는 다음과 같은 크기의 힘

$$F = G \frac{mM}{r^2}$$

이 서로를 끌어당기는 방향으로 작용한다는 것이다. 여기서 $G = 6.67 \times 10^{-11} \, Nm^2/kg^2$ 은 중력 상수gravitational constant이다.

뉴턴의 중력 이론은 뉴턴이 발견한 운동 법칙과 더불어 자연계에서 일어나는 거의 모든 운동을 잘 설명할 수 있어서 과학 혁명이라 불릴 정도로 엄청난 충격을 불러왔다.

뉴턴은 뛰어난 물리학자로 중력 연구 외에 빛에 대한 연구로도 유명하다. 뉴턴이 쓴《광학》은 빛에 대한 연구를 담고 있다. 이 책에서 뉴턴은 프리즘이 태양광을 여러 가지 색깔의 빛으로 분해하는 것을 관찰하여 색에 대한 이론을 내놓았다. 그는 프리즘 실험을 통해 빛이 단색광이 아니라 혼합광이라는 것과 색깔은 빛의 분산으로 생긴다는 것을 밝혔다. 그는 빛을 원자와 같은 작은 입자들이 공간을 이동하면서 생

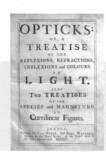

《자연 철학의 수학적 원리》에 이어 뉴턴의 두 번째로 주요한 저작으로 평가받는 《광학》은 당시 빛에 관해서 가장 완벽하게 설명한 책이었다.

기는 현상으로 보았다. 이것을 빛의 입자설*이라고 한다.

미첼과 라플라스가 생각했던 검은 별 이론의 기본 착상은 지구 표면에서 물체를 하늘 위로 발사하는 문제와 동일하다. 뉴턴의 입자설에 따르면 빛도 질량이 있고 중력의 영향을 받는다.

지구 표면에서 물체를 하늘 위로 발사하면 대부분의 경우 물체는 어느 정도 높이 올라가다가 다시 땅으로 떨어진다. 하지만 발사하는 물체의 속도가 매우 빨라서 일정 속도를 넘어서게 되면 물체는 다시 땅으로 떨어지지 않고 지구 주위를 돌게 되거나 지구를 벗어나 우주로 날아가게 된다.

다른 천체 표면에서 물체를 쏘아 올리는 경우도 마찬가지다. 물체의 발사 속도가 어떤 속도 이상이 되면 물체는 그 천체의 중력을 이겨내고 그 천체로부터 벗어날 수 있게 된다. 이러한 조건을 만족하는 최소한의 발사 속도를 그 천체로부터의 탈출 속도escape velocity라고 한다. 탈출 속도란 중력권에 있는 물체를 무한대의 거리로 옮겨가기 위해 필요한 최소한의 속도가 된다.

----

* 빛의 입자설은 빛을 눈에 보이지 않는 작은 입자의 흐름이라고 보는 이론이다. 빛이 입자로 되어 있다는 생각은 고대 그리스의 몇몇 철학자들부터 시작되었다. 빛의 입자설은 파동설의 등장으로 쇠퇴하였다가 20세기 초 아인슈타인의 광양자설에 의해 다시 부활하였다. 오늘날 빛은 입자와 파동의 성질을 모두 가진 이중적 존재로 파악된다.

질량이 M이고, 반경이 R인 천체의 표면에서의 탈출 속도는 역학적 에너지 보존 법칙을 이용해서 다음과 같이 구할 수 있다.

먼저 중력 위치 에너지 U의 기준점($U = 0$인 점)을 천체 중심으로부터 무한히 먼 곳($r = \infty$)으로 설정하면, 천체 중심으로부터 거리 r만큼 떨어진 점에서의 중력 위치 에너지는 다음과 같이 나타낼 수 있다.

$$U(r) = -\frac{GmM}{r}$$

이때 천체 표면($r=R$)에서 속도 v로 발사되는 질량 m인 로켓의 역학 에너지는 다음과 같다.

역학 에너지 = 운동 에너지 + 중력 위치 에너지

$$= \frac{1}{2}mv^2 - \frac{GmM}{R}$$

이 로켓이 천체의 중력으로부터 벗어나기 위해서는 역학 에너지가 0 이상이 되어야 한다. 다시 말해,

$$= \frac{1}{2}mv^2 - \frac{GmM}{R} \geq 0 \text{ 또는 } v \geq \sqrt{\frac{2GM}{R}}$$

따라서 천체로부터의 탈출 속도는 다음과 같다.

$$v_e = \sqrt{\frac{2GM}{R}}$$

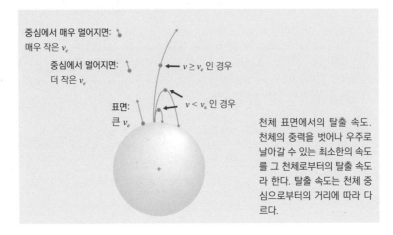

중심에서 매우 멀어지면: 매우 작은 v_e

중심에서 멀어지면: 더 작은 v_e

$v \geq v_e$ 인 경우

$v < v_e$ 인 경우

표면: 큰 v_e

천체 표면에서의 탈출 속도. 천체의 중력을 벗어나 우주로 날아갈 수 있는 최소한의 속도를 그 천체로부터의 탈출 속도라 한다. 탈출 속도는 천체 중심으로부터의 거리에 따라 다르다.

　천체 표면에서의 탈출 속도는 천체의 질량이 클수록, 그리고 천체의 반경이 작을수록 더 커진다. 예를 들어 지구 표면에서의 탈출 속도는 초속 11.2km이고, 목성 표면에서는 초속 60km, 그리고 태양 표면에서는 초속 613km가 된다.

만약 천체의 밀도 ρ가 일정하다면, 천체의 질량은

$$M = \frac{4\pi}{3} \rho R^3 \text{이 되고}$$

따라서 천체 표면에서의 탈출 속도는 다음과 같다.

$$v_e = R\sqrt{\frac{8\pi}{3} \rho G}$$

밀도가 일정한 별로부터의 탈출 속도는 천체의 반경 R에 비례한다. 따라서 태양과 같은 밀도를 갖는 별의 경우, 별의 반지름이 태양 반지름의 500배가 되면 표면에서의 탈출 속도는

$$v_e = 613km/s \times 500 = 306,500km/s$$

가 되어 빛의 속도를 넘어선다. 따라서 이 별의 빛은 중력에 붙들려 별 밖으로 빠져나올 수 없어서 '보이지 않는 별,' 즉 '검은 별'이 된다.

특수 상대성 이론과 시공간

블랙홀의 존재는 뉴턴 역학으로 예측되었지만 우리가 알고 있는 블랙홀의 많은 특성들은 대부분 아인슈타인의 상대성 이론을 통해서 알려졌다. 따라서 블랙홀을 이해하고자 한다면 어느 정도 상대성 이론에 대한 이해가 선행되어야 한다.

그러면 먼저 상대성 이론이 무엇인지부터 알아보도록 하자. 상대성 이론은 아인슈타인이 제창한 시간과 공간에 대한 물리학 이론이다. 사실 상대성 이론은 하나의 물리학 법칙이라기보다 시공간과 물질에 대한 우리 인식의 전환이라 생각할 수 있다. 다시 말하면 상대성 이론은 시간과 공간 그리고 물질에 대한 우리의 인식에 있어서 근본적인 전환을 가져왔다.

상대성 이론은 크게 특수 상대성 이론과 일반 상대성 이론으로

구분된다. 먼저 특수 상대성 이론이 무엇인지부터 알아보도록 하자. 특수 상대성 이론은 그동안 누구나 잘 알고 있다고 생각하던 시간과 공간에 대한 인식을 근본적으로 바꾸어 놓았다. 공간과 시간에 대한 일반적인 개념은 공간은 3차원이며 모든 방향으로 한없이 펼쳐져 있고, 시간은 1차원으로 공간과 무관하게 과거에서 미래로 흘러간다는 것이다.

뉴턴은 물체가 움직이는 무대가 되는 절대 공간이 존재한다고 생각하고, 유클리드가 도출한 기하학적 속성들을 그대로 부여했다. 그리고 이러한 공간과는 별도로 보편적이며 모든 과정에 적합하고 측정할 수 있는 절대 시간이 존재한다고 생각했다.

뉴턴은 이러한 시공에서 운동하는 물체는 물체가 갖는 질량만큼의 관성 때문에 등속 운동을 하려 하며 물체에 작용하는 다른 힘들로 인해 그 운동을 벗어나게 된다고 설명한다. 중력은 이런 힘들 가운데 하나이며 질량을 갖는 물체 사이에 서로를 끌어당기는 인력으로 작용한다고 보았다. 그리고 작용하는 중력의 세기는 물체들이 갖는 질량의 곱에 비례하고 물체들 간의 거리의 제곱에 반비례한다고 기술했다.

뉴턴이 정립한 이러한 시공간 개념과 중력 이론은 달과 행성들 그리고 혜성의 운동을 정확하게 설명할 수 있었을 뿐 아니라 천왕성이나 해왕성과 같은 새로운 행성을 발견하도록 이끌어 물리학자들과 천문학자들로부터 절대적인 신뢰를 얻었다.

하지만 영국의 과학자인 마이클 패러데이Michael Faraday(1791~1867)와 제임스 클러크 맥스웰James Clerk Maxwell(1831~1879)에 의해 발견된 전자기장도 중력장과 마찬가지로 실재하는 물리적 대상임이 밝혀지면서 새로운 국면을 맞게 된다. 맥스웰의 전자기장 방정식들에 따라 유도되는 전자기파는 진공에서 빛의 속도로 전파된다. 문제는 맥스웰의 이론에서는 물질이 없는 공간에서 빛의 전파는 광원의 운동과 무관하게 일정하다는 것이었다. 이것은 뉴턴이 정립한 절대적인 시공간의 개념과 명백히 배치된다.

이 문제의 심각성을 간파한 사람은 아인슈타인이었다. "이 현상을 어떻게 이해할 수 있을까? 광원이 관찰자에게 다가오거나 멀어지면, 그에 따라 빛의 속도가 빨라지거나 느려져야 하지 않을까?" 이 문제와 씨름하던 아인슈타인은 절대 공간과 절대 시간은 이런 현상들을 기술하기에 적합하지 않다는 생각에 이르렀고 그것을 간략한 논문으로 발표했다. 우리는 이것을 '특수 상대성 이론'이라 부른다.

아인슈타인은 이 논문에서 다음과 같은 간단한 두 가지 근본 전제를 채택했다. 첫째 빛의 속도는 광원의 운동과 상관없이 일정해야 한다는 것이고, 두 번째는 등속 운동하는 모든 좌표계에서 물리 방정식은 동일하게 기술되어야 한다는 것이었다. 그는 이러한 전제를 바탕으로 다음과 같은 놀라운 결론들을 이끌어 냈다.

먼저 시간은 더 이상 모든 지점에서 일정하게 흐르지 않고 관찰자의 운동에 좌우된다는 것이다. 다시 말해 움직이는 시계는 더 느리게 간다. 이러한 시간 지연 효과는 움직이는 속도가 광속보다 현저히 느릴 경우 그 변화는 아주 작아서 우리는 그 변화를 인식하지 못한다.

움직이는 시계가 느리게 간다는 사실은 지구에 멈춰 있는 원자 시계와 비행기에 탑재된 원자 시계를 비교하는 실험을 통해서 여러 차례 입증되었다. 실제로 두 시계를 한 장소에 놓고 비교해 보니 10억 분의 몇 초 정도 차이가 있었다. 이러한 시간 지연 효과는 운동 속도가 광속에 가까워지면서 더욱 극명하게 드러난다. 예를 들어 입자 가속기로 가속한 입자들은 멈춰 있을 때는 순식간에 붕괴하지만 가속되면 수초 동안 존속한다.

또 다른 놀라운 결론은 공간적으로 멀리 떨어진 사건들이 동시에 발생했는지 아닌지는 관찰자의 운동에 따라 다를 수 있다는 것이다. 예를 들어 사건 A와 B에 대하여, 어떤 사람은 사건 A가 일어난 다음에 B가 일어났다고 판정한 반면, 움직이고 있는 또 다른 관찰자는 사건 B가 먼저 일어난 다음에 A가 일어났다고 판정할 수 있다는 것이다.

특수 상대성 이론에 따르면 시간과 공간은 서로 독립적인 것이 아니라 관찰자의 운동 속도에 따라 서로 연관되게 된다. 이러한 시공간의 구조는 흔히 빛이 시공간을 전파해 가는 모양을 통해서 나타낼 수 있다.

시공간 속에서 운동하는 광자(빛의 입자)의 궤적을 도식적으로 나타내기 위하여 다음과 같이 편의상 3개의 공간 중 차원 하나를 생략하는 대신 시간 차원을 하나 추가한 시공간 좌표계를 이용해 나타내 보자. 다시 말해 x축과 y축은 공간축으로 나타내고 z축은 시간축으로 나타내 보자.

이 시공간 좌표계에서 한 점을 세계점world point이라고 하고, 시공간 좌표계에서 움직이는 입자나 물체가 그리는 궤적을 세계선worldline이라고 부른다. 시간에 따라 위치를 바꾸는 모양을 시공간 좌표계에서 표

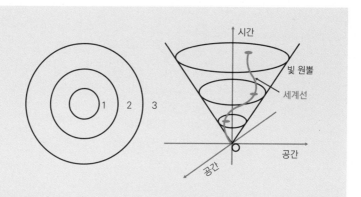

빛 신호와 세계선. 시공 좌표계의 원점에 있는 광원에서 나온 빛 신호는 시간이 지남에 따라 점점 더 큰 원에 도달한다. 이 원들은 층을 이뤄 하나의 원뿔을 형성한다. 원뿔의 꼭지점은 원점이고 꼭지각은 공간적 거리 척도에 따라 정해진다. 입자나 물체가 움직이는 궤적을 세계선이라고 하는데, 언제나 빛 원뿔 안으로 제한된다. 왼쪽 그림은 빛 원뿔을 위에서 내려다 본 모습이다.

시하면 세계점이 이어진 세계선으로 표시된다. 위의 그림은 좌표 원점에 있는 광원에서 출발하여 사방으로 퍼져 가는 빛의 세계선을 나타낸 것이다. 원점에서 퍼져나가는 빛은 시간이 지남에 따라 점점 더 큰 원을 그린다. 왼쪽 그림은 2차원 평면에서 본 빛의 파면이고, 오른쪽은 3차원 시공간 좌표계에서 나타낸 것이다. 빛의 파면은 시간축에 따라 층을 이뤄서 커다란 원뿔 모양(이것을 빛 원뿔light cone이라 부른다)이 되고 시공간 좌표계에서 빛이 그리는 세계선은 원뿔의 옆면이 된다.

한편 시공간 내에서 입자가 그리는 궤적, 다시 말해 세계선은 빛 원뿔 내에서 머무른다. 만약 입자가 공간 좌표에 대해 정지해 있으면

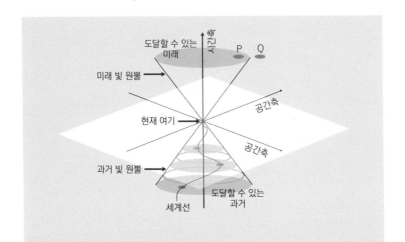

빛 원뿔. 빛 원뿔은 빛 신호들의 진행선으로 이루어지며 인과적으로 연결될 수 있는 경계가 된다. 예를 들어 세계점 P는 빛 원뿔 안에 있어서 도달할 수 있는 미래이지만, Q는 빛 원뿔 밖에 있어서 도달할 수 없는 미래가 된다.

세계선은 시간축 방향으로 진행한다. 공간적으로 운동하고 있을 경우, 속도가 일정하면 세계선은 직선이 되고 그렇지 않으면 곡선이 된다. 다시 말해 임의의 세계점을 지나는 빛의 세계선의 집합은 빛 원뿔을 형성하고, 이 점을 경과하여 미래로 진행하는 물체의 세계선은 항상 이 빛 원뿔 안쪽에 머문다. 물체의 속도는 광속 이하이기 때문이다.

빛 원뿔은 빛을 통해 연결될 수 있는 모든 사건들이 된다. 시공 도표 한 점에서의 빛 원뿔은 그 점에서 출발하거나 그 점에 도달하는 빛 신호들의 진행선들로 이루어진다. 위의 그림에서 아래쪽 원뿔은 과거의 시공간이고 위쪽 원뿔은 미래의 시공간에 해당한다. 그리고 두 원뿔이 만나는 한 점은 현재 여기가 된다. 빛 원뿔의 옆면은 빛의 속도로 도달하는 시공간이고 빛 원뿔 밖의 공간은 빛의 속도를 넘어야만 접할 수 있는 시공간이다.

상대성 이론에서 어떤 신호도 빛보다 빠르게 이동할 수 없으므로 빛 원뿔은 물리학적으로 중요한 의미를 지니게 된다. 특정 점에서 출발한 광선들로 이루어진 미래 빛 원뿔은 그 점으로부터 인과적인 영향을 받을 수 있는 구역의 경계를 나타낸다. 한편 과거 빛 원뿔은 다른 사건들에서 그 특정 점에 도달하는 모든 광선들로 이루어지며 그 점에 인과적 영향을 끼칠 수 있는 구역의 경계에 해당한다.

일반 상대성 이론과 중력

아인슈타인의 중력 이론은 1915년에 일반 상대성 이론이라는 이름으로 발표되었다. 이 이론의 기반은 시공 속에 있는 질량과 에너지에 의해서 시공의 구조가 결정된다는 생각이다. 다시 말해 질량을 갖는 모든 물체는 주위의 시공을 찌그러뜨리고 물체들은 찌그러진 시공의 영향을 받아 운동한다는 것이다. 이렇게 서로 주고받는 작용이 중력이라는 것이다. 그러므로 상대성 이론에 따르면 중력은 시공의 기하학적 속성들과 얽혀 있으며 뉴턴처럼 중력을 시공에 추가된 독립적인 구조로 파악할 필요가 없다.

이러한 시공에서는 빛은 곧장 진행하지 않고 휘어진 공간을 따라

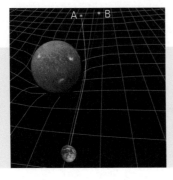

빛은 휘어진 공간을 따라 진행한다. 질량은 공간을 휘게 하고 빛은 휘어진 공간을 따라 진행한다. 이 때문에 태양 뒤편에서 지구에 도달하는 별빛은 휘어진다. 즉 태양 뒤편 A 위치에 있어서 보이지 않던 별도 B 위치에서 볼 수 있게 된다.

가게 된다. 다음 그림은 질량 근처에서 빛이 어떻게 진행하는지 보여준다. 어떤 공간에서 빛이 곧장 나아가지 않을 때, '공간이 휘어졌다'고 말한다.

공간이 휘어졌다는 것은 힘을 받지 않는 입자의 궤적을 통해 보다 분명하게 이해할 수 있다. 공간이 휘어진 정도는 곡률로 나타내는데, 곡률이 0보다 크면 서로 가까이 있는 평행한 측지선geodesic line●들은 지표면 위의 경도선들이 적도에서는 평행을 이루다가도 양극에서 만나는 것처럼 점점 더 가까워진다. 반대로 곡률이 0보다 작으면 평행한 측지선들은 점점 더 멀어진다.

아인슈타인의 이론에서는 중력이 별도로 존재하지 않는다. 일반 상대성 이론은 중력을 뉴턴의 이론과는 전혀 다른 방식으로 설명한다. 중력은 시공의 구조와 엮여서 기하학의 일부가 된다. 예를 들면 지구가 태양 주위를 도는 것을 다음과 같이 설명한다.

● 측지선은 공간의 두 점을 잇는 곡선 중에서 거리가 짧은 것을 말한다. 유클리드 공간에서는 직선이 측지선이지만 구면 위에서는 대원의 호를 따라가는 선이 측지선이다.

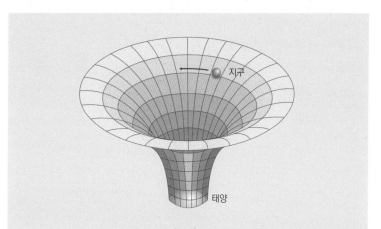

태양과 지구. 일반 상대성 이론에 따르면 중력은 공간의 기하학적 속성이 된다. 큰 질량을 가진 태양은 시공에 깔때기 모양의 깊은 중력 우물을 만들고 지구는 태양이 만든 중력 우물의 가장자리에서 회전한다. 지구가 태양으로 떨어지지 않는 것은 지구의 회전 속도 때문이다.

지구의 궤도는 태양 주위의 시공간 형태에 따라 결정된다. 시공에 태양처럼 큰 질량이 놓이면 시공은 휘어진다. 이것은 탄성이 매우 좋은 고무판 위에 무거운 물체를 올려 놓으면 고무판이 늘어나면서 움푹 들어가는 것에 비유할 수 있다. 이것을 중력 우물gravity well이라고 부르기도 한다. 만약 어떤 물체가 중심에 너무 접근하면 태양으로 떨어져 버린다. 이것이 바로 중력에 의해 질량이 끌어 당겨지는 현상이다.

지구는 태양이 만든 중력 우물의 가장자리에 머물면서 궤도를 따라 회전한다. 이때 지구의 회전 속도와 태양으로부터의 거리는 케플러의 법칙Kepler's laws을 정확히 따른다. 지구도 큰 질량을 지니고 있으므로 자신 주위에 태양보다 작은 중력 우물을 만든다. 그리고 그 주위 가 장자리에 달이나 인공 위성들이 회전한다.

일반 상대성 이론은 중력장이 약하고 물체의 속도가 광속에 비해서 매우 느린 경우 뉴턴의 이론과 완전히 일치한다. 그렇지만 뉴턴의 이론과는 다른 여러 가지 예측들을 내놓는데, 그것이 옳다는 것이 실험적으로 입증되었다. 예를 들어 일반 상대성 이론은 1859년 이후 알려진 수성의 근일점 이동의 수수께끼를 성공적으로 설명하였다. 또 태양의 중력장에 의해 빛이 휘어질 것이라는 예측은 일식 관측으로 입증된 바 있다. 그리고 중력장이 시간의 흐름에 영향을 미친다는 예측을 하였는데, 레이더 전파가 중력장을 통과할 때 주파 시간이 달라진다는 실험을 통해서 입증되었다.

아인슈타인은 일반 상대성 이론을 내놓으면서 우주의 시공 구조를 다음과 같은 방정식으로 표현했다.

$$R_{\mu\nu} - \frac{1}{2}\, g_{\mu\nu}R + g_{\mu\nu}\Lambda = \frac{8\pi G}{c^4}\, T_{\mu\nu}$$

이 방정식은 아인슈타인 장 방정식Einstein field equations이라 불린다. 이 방정식은 텐서tensor*라는 양으로 기술된 편미분 방정식인데, 분리하면 모두 10개의 방정식이 된다. 이 방정식들은 일반적으로 풀리지 않으므로 특정한 가정을 하여 풀거나 컴퓨터를 이용한 수치 해석적인 방법으로 풀어야만 한다.

● 텐서는 벡터의 개념을 확장한 기하학적인 양이다. 다시 말해 물리 현상을 기술하기 위해 도입한 일반화된 좌표계이다.

중력 붕괴와 슈바르츠실트 반지름
• • • • • • • • • • • • • • • •

아인슈타인이 장 방정식을 발표하고 두 달이 지난 후 칼 슈바르츠실트는 이 방정식을 완전 구대칭인 별에 적용하여 그 해를 발견했다. 이 해를 슈바르츠실트 해라고 한다. 슈바르츠실트 해는 구형의 질량체 주위의 휘어진 시공을 기술한다. 예를 들어 태양을 구로 간주하면, 태양 주위의 시공 구조를 묘사한다고 볼 수 있다.

이제 슈바르츠실트 해가 의미하는 바를 이해하기 위해 태양 정도의 질량(M)을 가진 구형인 물체의 반지름이 계속 줄어드는 경우를 상상해 보자. 뉴턴의 이론에서는 물체의 반지름이 계속 줄어들어 질량이한 점으로 축소되는 것이 가능하지만 아인슈타인의 이론에서는 물체의 반지름이 $r = \sqrt{\frac{2GM}{c^2}}$보다 작아지면, 슈바르츠실트가 사용한 좌표계가 더 이상 성립되지 않는다. 다시 말해 물체는 뉴턴 이론의 질점, 즉 반지름 $r = 0$에 도달하는 게 아니라 슈바르츠실트 반지름 r_s에 도달하며, 그 내부에서 무슨 일이 일어나는지 알 수 없게 된다.

이런 시공의 구조를 분석하는 간단한 방법은 공간 내에서의 빛의 전파, 즉 빛 원뿔의 모양을 살펴보는 것이다. 슈바르츠실트 반지름에서 멀리 떨어진 곳에서의 빛 원뿔은 유클리드 공간에서와 유사하지만, 슈바르츠실트 반지름에 접근하게 되면 빛 원뿔들이 변형된다. 다시 말해 슈바르츠실트 반지름에서 방출된 광선은 어느 방향으로 방출되든 상관없이 매우 심하게 휘어져 바깥으로 나오지 못하고 반지름이 r_s인 원뿔 안에 머문다. 또 반지름 r_s 내부에서 방출된 광선들은 시공의 굴곡을 벗어나지 못하고 결국 $r = 0$인 특이점으로 떨어진다. 따라서 외부 공간에서 방출된 빛은 슈바르츠실트 반지름 안으로 들어올 수 있으나, 안에서 밖으로는 나갈 수 없다. 다시 말해 슈바르츠실트 반지름은 외부와 내부를 완전히 단절시키는 시공에 형성된 확고한 '지평선'이 된다.

따라서 슈바르츠실트 해의 시공은 비어 있다. 다시 말해 슈바르츠실트 반지름 안에는 어떤 물질도 없고, 중심에 질점 M이 있을 뿐이다. 외부의 관찰자는 질량 M에 해당하는 중력의 작용을 감지할 수 있다. 이렇게 질점 M과 그것을 둘러싼 지평 r_s로 이루어진 구조를 '블랙홀'이라고 부른다. 따라서 엄밀히 말하면 블랙홀은 어떤 물체도 아니고 복사도 아니며 말 그대로 시공에 생긴 구멍이다. 그리고 그 구멍의 내부는 외부 관찰자와 인과적인 연결을 맺을 수 없다.

우리에게 익숙한 별이나 행성과 같은 물리적 대상들의 크기는 모두 자신의 슈바르츠실트 반지름보다 훨씬 더 크다. 예를 들어 태양의 슈바르츠실트 반지름은 3km이며, 지구의 그것은 0.9cm에 불과하다. 이것은 이 천체들 주위의 시공은 극히 미미하게 휘어져 있음을 의미한다. 그리고 양성자와 중성자처럼 크기가 매우 작은 기본 입자들조차 자신의 슈바르츠실트 반지름보다 훨씬 커서 중력이 아무런 역할도 하지 못한다. 그러나 중성자별은 다르다. 중성자별은 질량이 태양보다 더 크지만 반지름은 10km 정도에 불과한데, 이는 자신의 슈바르츠실트 반지름보다 3배 정도밖에 크지 않다. 만약 중성자별을 1/3 크기로 축소시키면 블랙홀이 된다. 따라서 중성자별의 구조는 뉴턴 이론의 예측을 상당히 벗어난다.

질량이 큰 별이 내부의 핵연료를 소진하면, 자체 중력에 의해 점점 축소되고 결국 지평을 통과하여 특이점으로 사라진다. 이 과정은 별의 표면에 있는 관찰자에게는 표면에서 특이점까지 떨어지는 아주 짧은 시간 동안 일어난다. 하지만 외부 관찰자에게는 별의 표면이 점점 더 느린 속도로 지평에 접근하며 영원히 도달하지 못하는 것처럼 보인다. 그것은 마치 별이 슈바르츠실트 반지름에 '얼어붙는' 것처럼 보인다.

하지만 이것은 어디까지나 이론상 그렇다는 것이고, 실제로는 별은 갑자기 보이지 않게 된다. 지평 근처에서 방출된 빛은 심하게 적색 편이red shift*되어 관찰자에게 도달하기 때문이다. 적색 편이의 정도는 광원이 지평에 접근함에 따라 지수 함수적으로 커져서 별의 광도는 급격히 떨어져 태양 질량의 블랙홀의 경우 수십만 분의 1초 안에 보이지 않게 된다.

미첼과 라플라스가 천체의 질량을 증가시키는 방식으로 블랙홀의 존재 가능성을 찾았다면 슈바르츠실트는 천체를 수축시키는 방식으로 블랙홀이 나타난다는 것을 보여 주었다. 물질이 중력 붕괴하여 무한한 한 점으로 수축되는 경우 블랙홀이 생겨난다.

물체를 극한까지 압축시킬 수만 있다면 어떤 질량의 물체도 블랙홀이 될 수 있다. 예를 들어 태양을 반지름 3km 정도로 압축시키거나, 지구를 반지름 0.9cm 정도로 압축시키면 블랙홀이 된다. 이것은 태양과 지구의 질량이 각각 반지름 3km와 0.9cm 안에 들어간다는 뜻이다. 이렇게 되면 태양과 지구의 부피가 중력에 의해 계속해서 수축하는 현

---

* 물체가 내는 빛의 파장이 그 고유의 파장보다 늘어나 보이는 현상이다. 일반적인 전자기파의 가시광선 영역에서 파장이 길수록 붉게 보이기 때문에, 물체의 스펙트럼이 붉은색 쪽으로 치우친다는 의미에서 적색 편이라고 불린다.

상이 발생한다. 하지만 현실적으로 태양과 지구에서는 이런 일이 일어날 수 없고, 이런 일이 일어날 수 있는 경우는 질량이 태양의 수십 배 이상인 별들뿐이다.

그러면 블랙홀이 형성될 때 주위의 시공간이 어떻게 영향을 받는지 살펴보자. 아래의 그림은 중력 붕괴가 진행되는 구대칭인 물질 주위의 시공간 변화를 나타낸 다이어그램이다. 이것은 슈바르츠실트 블랙홀의 경우, 물질이 중력 붕괴를 일으켜 사건의 지평선(그림의 점선) 속으로 사라질 때 그 주위 시공간의 변화를 빛 원뿔을 통해서 보여 준다. 중력 붕괴로 사건의 지평선이 생기면 지평선 내에서 빛 원뿔의 시간축이 특이점을 향해 회전하는 것을 볼 수 있다. 이것은 사건의 지평선 내에서 시간은 특이점으로부터의 거리에 의해서 정해진다는 것을 나타낸다.

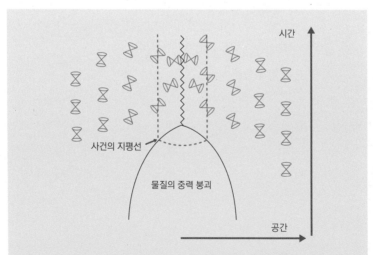

중력 붕괴로 블랙홀이 형성될 때 시공간의 빛 원뿔. 물질이 중력 붕괴를 일으켜 사건의 지평선 속으로 사라질 때 그 주위 시공간에서의 빛 원뿔을 나타냈다. 사건의 지평선이 형성되면서 내부에서의 빛 원뿔의 시간축이 특이점을 향하게 된다.

블랙홀이 형성되는 과정에서 공간은 변형되고 시간의 흐름은 느려진다. 또 별의 표면에서 방출되는 빛의 파장은 길어져서 적색 이동을 하게 된다. 블랙홀이 생성되면 근처 시공간은 변형되고 빛은 영원한 적색 편이 현상을 나타내서 외부에서 관측되지 않게 된다. 이러한 수축은 천체의 반지름이 특정 반지름에 도달하면 빛의 파장이 무한대가 되어 관측이 불가능하게 된다. 이때의 반지름을 슈바르츠실트 반지름이라고 한다. 슈바르츠실트 반지름은 구형인 물체가 블랙홀이 되기 위한 최소한의 반지름에 해당한다.

슈바르츠실트에 따르면, 질량 M인 천체의 슈바르츠실트 반지름은

$$r_s = \frac{2GM}{c^2}$$

이다. 여기서 중력 상수 $G = 6.67 \times 10^{-11} Nm^2/kg^2$, 빛의 속도 $c = 3.00 \times 10^8 m/s$ 값을 대입하면, 슈바르츠실트 반지름은

$$r_s \approx 1.48 \times 10^{-27} M \, [\mathrm{m}] \approx 2.95 \, \frac{M}{M_{\Theta}} \, [km]$$

이 된다. $M_{\Theta} = 1.99 \times 10^{30} kg$은 태양 질량이다.

슈바르츠실트 반지름은 오랫동안 물리학적인 논쟁거리의 하나였다. 슈바르츠실트 반지름은 매우 곤혹스러운 문제를 제기하는데, 그것은 바로 슈바르츠실트 반지름 너머에 있는 공간에 대한 의문 때문이다. 원점에서 중력이 무한대가 되는 문제는 더 이상 공간을 고려할 필요가 없으므로 피해갈 수도 있을지 모르지만 슈바르츠실트 반지름 내에는 공간이 존재한다. 따라서 이 영역에 어떤 물리적 의미를 부여해야 하는가가 문제이다. "물질도 없고 시공간의 휘어짐도 극에 달하는 그런 영역이 실제로 존재할 수 있을까?" 영국의 천체 물리학자 에딩턴은 이 영역을 '마법의 원magic circle'이라 불렀다.

질량이 엄청나게 큰 물질은 자체 중력에 의해 파국적인 운명을 맞을 수밖에 없다. 중력은 질량을 갖는 모든 입자에게 인력으로만 작용하고, 또 작용 범위가 넓어서 거리의 제곱에 비례해서 천천히 감소한다. 따라서 만일 임의의 질량에 입자를 계속 추가해 간다면 질량은 추가된 입자의 개수만큼 계속 증가하여 결국은 중력에 반대로 작용할 수 있는 모든 힘을 압도하게 된다.

물체가 수축을 계속하여 특정 밀도에 가까워지면 축퇴압degeneracy pressure이 물체의 수축을 막는다. 하지만 물체의 질량이 어떤 한계점을 넘어 축퇴압이 견딜 수 없을 정도로 강한 중력을 갖게 되어 물체의 크기가 슈바르츠실트 반지름보다 작아지면 그 물체는 블랙홀이 된다. 슈바르츠실트 반지름에 도달했을 때의 표면은 사건의 지평선과 같이 작용한다. 어떠한 빛이나 입자도 이 표면에 해당하는 영역에서 벗어날 수 없다.

여러 가지 블랙홀

블랙홀은 갖고 있는 물리량으로 보면 매우 단순한 천체이다. 블랙홀을 특징짓는 물리량은 몇 가지 안 되는데 그중 하나는 질량이다. 블랙홀은 가진 질량에 따라 크게 세 가지 유형으로 구분되는데, 첫 번째 유형은 항성 블랙홀 혹은 소질량 블랙홀low-mass black hole이다. 이 블랙홀은 매우 질량이 큰 별(보통 태양 질량의 20배 이상)의 중심부가 붕괴하면서 생길 수 있다. 두 번째 유형은 초대질량 블랙홀supermassive black hole이다. 이 블랙홀은 은하의 중심에서 볼 수 있으며 태양보다 수백만 배 혹은 수십억 배 더 질량이 크다. 세 번째 유형은 원시 블랙홀primordial black hole 인데, 우주 어디에서나 발견될 수 있다. 이러한 블랙홀은 시공간의 구조가 우주의 팽창으로 불완전했던 우주의 초창기에 생겨났다고 추측된다. 항성 블랙홀이나 초대질량 블랙홀은 그 존재가 확증되었으나, 세 번째 유형은 가설상으로만 존재할 뿐 아직 발견되지 않았다. 한편 최근에는 초대질량과 항성 블랙홀 사이의 중간 질량을 갖는 블랙홀들도 발견되고 있다.

블랙홀을 특징짓는 다른 물리량으로는 각운동량angular momentum과 전하량이 있다. 별들은 대부분 자전을 하는데, 별이 수축하면 각운동량 보존 법칙으로 인해 자전 속도가 빨라진다. 따라서 이론상 블랙홀은 회전할 수 있지만 명확한 관측 증거는 없다. 또 이론상 블랙홀은 전하량을 가질 수도 있다. 하지만 별은 전체적으로 똑같은 양의 양전하와 음전하를 가지므로 대부분의 별들이 붕괴 과정에서 중성 상태가 될 것

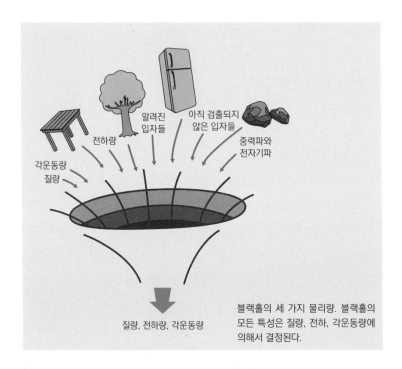

블랙홀의 세 가지 물리량. 블랙홀의 모든 특성은 질량, 전하, 각운동량에 의해서 결정된다.

(이미지 내 레이블: 전하량, 알려진 입자들, 아직 검출되지 않은 입자들, 중력파와 전자기파, 각운동량 질량, 질량, 전하량, 각운동량)

으로 생각된다. 결론적으로 블랙홀의 특성은 질량과 전하량, 그리고 각운동량에 의해 결정된다. 다시 말해 모든 블랙홀은 이 세 가지 성질을 제외하면, 똑같은 모양과 성질을 가질 것으로 예상된다. 이를 두고 미국의 물리학자 휠러는 "블랙홀에는 머리카락이 없다"고 표현하였는데, 이에 대해 무모 정리no-hair theorem*라고 부른다.

● 무모 정리란 블랙홀의 모든 특성은 질량, 전하, 각운동량에 의해서만 결정된다는 이론이다. 이 세 성질을 제외하면, 모든 블랙홀은 정확히 같은 모양과 성질을 가진다. '무모'라는 이름은 다양한 종류의 머리 모양이 가능한 일반적 머리와 달리 블랙홀의 경우 머리카락이 없어서 구별할 수 있는 특성이 없다는 사실에서 비롯되었다.

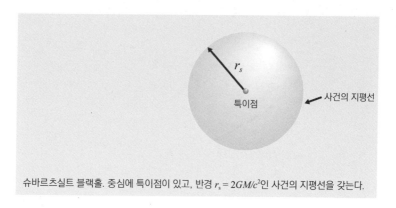

슈바르츠실트 블랙홀. 중심에 특이점이 있고, 반경 $r_s = 2GM/c^2$인 사건의 지평선을 갖는다.

블랙홀이 갖는 세 가지 물리량에 따라 이론적으로 고려할 수 있는 블랙홀 모델은 모두 네 가지다. 질량만 갖는 슈바르츠실트 블랙홀, 질량과 각운동량을 갖고 전하를 갖지 않는 커 블랙홀Kerr black hole, 질량과 전하를 가지나 각운동량이 없는 라이스너-노르드스트룀 블랙홀 Reissner-Nordström black hole,[*] 그리고 질량과 각운동량과 전하를 가지는 커-뉴먼 블랙홀Kerr-Newman black hole[**]이 그것이다. 이들은 각각의 블랙홀 모델을 연구한 연구자의 이름을 따서 명명되었다.

슈바르츠실트 블랙홀은 회전하지도 않고 전하도 갖지 않는 블랙홀이다. 다시 말해 질량만 갖고 각운동량과 전하가 모두 0인 블랙홀이다. 슈바르츠실트는 정적이고 구면 대칭인 진공 상태에서의 일반 상대성 이론의 방정식을 풀어냈는데, 이 해를 슈바르츠실트 해라고 부른다. 이 해는 물질이 슈바르츠실트 반지름 안쪽에 밀집될 경우, 탈출 속도

---

[*] 독일의 천체공학자 한스 라이스너Hans Reissner(1874~1967)와 핀란드의 물리학자 군나르 노르드스트룀Gunnar Nordström(1881~1923).

[**] 미국의 물리학자 에즈라 테드 뉴먼Ezra Ted Newman(1929~　).

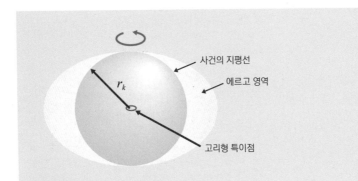

커 블랙홀. 중심에 고리 모양의 특이점이 있고 그 바깥에 두 개의 지평선이 있다. 내부 지평선은 $r_k = \frac{r_s + \sqrt{r_s^2 - 4\alpha^2}}{2}$ 인 사건의 지평선이고, 외부 지평선은 자전 속도에 따라 적도 부분이 바깥쪽으로 불룩하게 부풀어 오른다.

가 광속을 넘어서서 사건의 지평선을 이루고, 중심은 특이점이 된다.

로이 커의 연구 모델인 커 블랙홀은 자전하는 블랙홀이며 회전 블랙홀rotating black hole이라고도 불린다. 커의 해는 슈바르츠실트 해에 자전이 더해진 형태이다. 커의 해에는 슈바르츠실트 해와 달리 중심에 고리형태의 특이점이 생기고 그 바깥쪽에 두 개의 지평선이 생긴다.

두 지평선 중에서 안쪽에 있는 지평선이 사건의 지평선이다. 이 지평선의 반경(커-슈바르츠실트 반지름) r_k는 블랙홀이 갖는 질량(M)과 각운동량(J)에 의해 다음과 같이 정해진다.

$$r_k = \frac{r_s + \sqrt{r_s^2 - 4\alpha^2}}{2}$$

여기서 $r_s = 2GM/c^2$이고, $\alpha = J/Mc$다.

그리고 외부 지평선은 블랙홀의 자전 속도에 따라 적도 부분이 바깥쪽으로 타원체 모양으로 불룩하게 부풀어 오른다. 만약 블랙홀이 자전하지 않으면(각운동량 $J = 0$) 두 지평선은 하나가 되고 블랙홀은 완전히 구형인 슈바르츠실트 블랙홀로 바뀐다.

커 블랙홀에서 두 지평선 사이에 있는 영역은 '에르고 영역Ergo Sphere'이라 불린다. 이곳은 공간 자체가 블랙홀에 이끌려서 광속보다 빠르게 돌고 있기 때문에 어떤 운동을 하고 있어도 블랙홀이 도는 방향으로 끌려가게 된다.

다시 말해 블랙홀이 회전하게 되면, 사건의 지평선은 두꺼운 도넛의 형태로 평평해지게 되며, 에르고 영역이라고 부르는 구조로 발전하게 된다. 빛은 블랙홀에서 탈출하지 못하고 특이점 주위를 돌게 된다.

라이스너−노르드스트룀 블랙홀은 전하를 띤 블랙홀로 대전 블랙홀charged black hole이라고도 불린다. 대전 블랙홀은 질량과 전하를 가지나 회전하지 않는 블랙홀이다. 대전 블랙홀에는 두 개의 지평선이 존재하는데 하나는 사건의 지평선, 다른 하나는 코시의 지평선Cauchy horizon이라 불린다. 지평선의 반경은 각각 블랙홀이 가진 질량(M)과 전하량(Q)의 크기에 따라 정해진다. 사건의 지평선의 반경은 $r_s = 2GM/c^2$, 코시의 지평선의 반경은 $r_Q = GQ^2/4\pi\varepsilon_0 c^2$이다. 여기서 $\varepsilon_0 = 8.85\times$

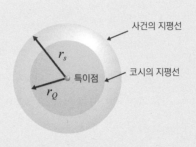

라이스너-노르드스트룀 블랙홀. 중심에 특이점이 있고 그 바깥에 두 개의 지평선이 생긴다. 하나는 반경 $r_s = 2GM/c^2$인 사건의 지평선이고, 다른 하나는 반경 $r_Q = GQ^2/4\pi\epsilon_0 c^2$인 코시의 지평선이다.

$10^{-12}[F/m]$는 진공의 유전율이다.

대전 블랙홀의 경우 지평선의 모양은 블랙홀이 가진 전하량(Q)과 질량(M)의 상대적 크기에 따라 달라진다. $Q = 0$이면 대전 블랙홀은 슈바르츠실트 블랙홀이 되고, $|Q| = M$이면 두 지평선이 서로 겹쳐서 극대 블랙홀extremal black hole이 된다. 그리고 $|Q| > M$이면 두 지평선의 위치가 서로 바뀌어 시공간에 노출 특이점naked singularity *이 생긴다.

노출 특이점은 특이점이 사건의 지평선 내부에 은폐돼 있지 않아서 학자들 사이에 많은 논란을 불러 왔다. 노출 특이점은 특이점보다 과거의 사건은 물리적으로 예측 불가능하게 되어 인과관계를 예측할 수 없는 문제가 생긴다. 이 때문에 일부 과학자들은 노출 특이점이 어떤 물리 법칙에 의해 금지된다는 가설을 제안하였다. 이것을 우주 검열

---

* 노출 특이점이란 물질의 밀도가 무한대가 되는 특이점을 외부에서 관측할 수 있게 되는 것을 의미한다.

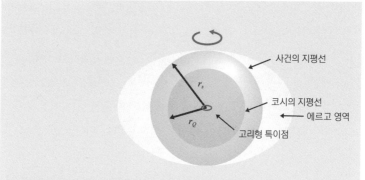

사건의 지평선

코시의 지평선

에르고 영역

고리형 특이점

r_s

r_Q

커-뉴먼 블랙홀. 중심에 고리 모양의 특이점이 있고 그 바깥쪽에 두 개의 지평선이 있고 그 바깥쪽에 에르고 영역이 생긴다.

관 가설cosmic censorship hypotheses이라고 한다. 우주 검열관 가설은 모든 종류의 특이점들이 블랙홀의 사건 지평선 내부에 있거나 다른 효과들이 특이점을 관측하기 어렵게 만들어 줄 것이라는 기대의 표현이다.

이 가설은 아직 증명되지는 않았으나 상당히 타당성이 있는 것으로 보인다. 대부분의 경우 특이점은 사건의 지평선 내부에 생기기 때문이다. 그리고 대전 블랙홀의 경우에는 노출 특이점이 나타날 수 있지만 이 노출 특이점은 약간의 섭동에도 매우 불안정하다는 것이 알려져 있기 때문이다.

커-뉴먼 블랙홀은 질량과 전하를 갖고 회전하고 있는 블랙홀이다. 커-뉴먼 블랙홀은 중심에 고리형의 특이점이 있고 그 바깥쪽에 두 개의 내부 지평선과 하나의 외부 지평선이 있다. 지평선의 반지름은 질량(M), 전하량(Q), 각운동량(J)에 따라 정해진다.

일반적으로 전하를 띤 입자가 회전 운동을 하면, 주위에 전자기장이 형성되는데, 회전하는 블랙홀은 회전 속도가 엄청나고 작은 부피 안에 매우 큰 질량이 몰려 있으므로 전하 밀도가 엄청나게 높은 특징이 있다. 이러한 극단적인 조건은 우주에서 가장 강력한 자기장을 형성하여 여기에 물질이 빨려 들어 가면 물질은 엄청나게 뜨거워지면서 극도로 자기화된다.

대부분의 경우 물질이 블랙홀계에 빠져들면 다시 빠져나올 수 없지만, 이들 중 일부는 자기적으로 가속되어 엄청나게 강력한 제트의 형태로 빠져나온다. 블랙홀이 얼마나 많은 질량과 전하를 갖고 있느냐에 따라 이 제트는 물질을 광속의 99% 또는 그 이상으로 가속시켜 수천 혹은 수백만 광년을 날아가게 만든다. 이와 같은 블랙홀계에서부터 튕겨 나오는 상대론적 제트는 우주에서 가장 격렬한 현상 중 하나이다.

앞에서 살펴본 여러 블랙홀 유형 중에서 전형적인 블랙홀은 슈바르츠실트 블랙홀과 커 블랙홀이다. 이들은 처음엔 완전한 대칭성을 갖는 조건에서 나타나는 특별한 블랙홀로 생각되었지만, 이제는 거의 모든 블랙홀이 모두 슈바르츠실트 블랙홀이나 회전 블랙홀로 변화한다고 생각되고 있다. 1970년대 초에 블랙홀 연구자들은 블랙홀은 무한히 다양하지 않으며, 소립자들과 마찬가지로 질량과 스핀에 의해 그 특징이 결정되는 표준화된 천체라는 것을 알아냈다. 블랙홀은 외부에서 볼 때 구별이 안 되는 표준화된 천체라는 사실, 다시 말해 블랙홀이 어떻게 형성되었는지 또 어떤 물체들이 삼켜졌는지 등을 구분할 만한 흔적이 전혀 남아 있지 않다는 사실이 확립되면서 이 해들이 임의의 블랙홀 주위의 시공간을 묘사하고 있음을 인식하게 되었다.

블랙홀은 어떻게 찾을 수 있나

블랙홀이 이론적으로 존재할 수 있다고 해도 블랙홀의 존재를 입증하려면 우주 안에 존재하는 블랙홀을 찾아야 한다. 블랙홀을 어디서 어떻게 찾을 수 있을까? 블랙홀은 직접 관측할 수 없기 때문에 오랫동안 이론적으로만 존재했다. 블랙홀에서는 빛조차 빠져나오지 못하므로 블랙홀 자체를 볼 수는 없다.

블랙홀을 관측하기에 가장 좋은 천체는 블랙홀에게 점차 먹혀 들어가며 가스 원반에 물질을 공급하는 역할을 하는 보통의 별과 짝을 이루고 있는 쌍성계이다. 블랙홀 주변에 있던 가스가 블랙홀의 '사건의 지평선' 너머로 사라지면서 방출하는 빛은 관측이 가능하기 때문이다. 다음 사진은 블랙홀 주위를 도는 물질의 원반을 컴퓨터 그래픽으로 나타낸 것인데 이러한 원반을 '강착 원반accretion disk'이라고 한다. 원반의 물질들은 마찰로 인해 수백만K로 가열되어 X선을 방출한다.

블랙홀은 복사를 방출하지 않지만, 블랙홀 속으로 외부 물질이 떨어져 내리는 것을 통해 간접적으로 관찰할 수 있다. 떨어진 물질이 가열되면서 복사를 방출하기 때문이다. 블랙홀은 여러 가지 방법으로 검출할 수 있으나 주로 블랙홀이 주위를 회전하는 별로부터 기체를 빨아

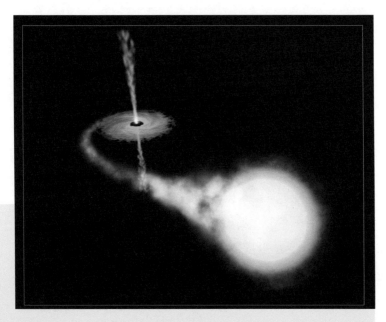

블랙홀 연성계. 블랙홀을 직접 볼 수는 없다. 블랙홀을 관측하기에 가장 좋은 천체는 블랙홀에게 점차 먹혀 들어가며 가스 원반에 물질을 공급하는 역할을 하는 보통의 별과 짝을 이루는 쌍성계이다. 동반성의 물질이 블랙홀 주위로 빨려 들어 가며 강착 원반을 만든다.

들이면 그 과정에서 기체가 매우 가열되어 방출되는 X선을 검출하는 방법을 사용한다.

블랙홀이 단독으로 존재하는 경우는 그 존재를 알아내기 어렵지만 블랙홀이 다른 별과 연성계를 이루어 그 별의 가스를 빨아들이고 있는 경우에는 관측이 가능하다. 빨려 들어가는 가스는 블랙홀 주위를 돌면서 소용돌이치는 강착 원반*을 형성한다.

포획된 기체는 소용돌이치면서 블랙홀을 향하여 떨어질 것이고, 블랙홀에 접근할수록 점점 빠르게 빙빙 돌 것이다. 압축과 점성 마찰에 의해 기체가 아주 뜨거워지고 강한 X선을 방출하게 된다. 만약 유입된 기체가 난류 상태이며 불안정하다면, X선의 세기는 불규칙하게 깜빡일 것이다. X선 관측은 우주의 가장 역동적인 특성, 즉 가장 뜨거운 기체, 가장 강한 중력, 가장 격렬한 폭발 등을 밝혀 준다.

따라서 블랙홀을 찾아내려면, 강한 X선을 방출하는 X선 별을 찾아내면 된다. 물론 강한 X선을 방출하는 별이 모두 블랙홀은 아니다. 백색 왜성이나 중성자별도 강한 X선을 방출하는 경우가 있기 때문이다. 그러면 밝은 X선 연성에서 블랙홀과 중성자별을 어떻게 구분할 수 있을까?

X선을 방출하는 천체가 중성자별인지 아니면 블랙홀인지를 구별하는 방법은 두 가지가 있다. 첫 번째 방법은 천체의 질량을 측정하는 것이다. 만약 X선을 방출하는 별의 질량이 태양의 3배 이상이라면 그 별은 중성자별이라 할 수 없고 블랙홀이라 할 수 있다. 두 번째 방법은 천체로부터 나오는 X선을 분석하는 것이다. 중성자별에서 나오는 X선은 규칙적이지만 블랙홀에서 나오는 X선은 불규칙적인 것으로 알려져 있다.

● 강착 원반은 중심에 있는 물체의 주위로 궤도 운동하는 확산된 물질에 의해 형성되는 원반 구조다. 강착 원반 안의 물질은 서로 마찰되어 뜨거워지는데, 중심 물체가 블랙홀이나 중성자별일 경우 1000만℃까지 가열되어 X선이 방출된다.

우리 은하계 안에서 발견된 블랙홀

이름	추정 질량 (단위: 태양 질량)	지구로부터의 거리 (단위: 광년)
A0620 – 00	9~13	3,000~4,000
GRO J1655 – 40	6~6.5	5,000~10,000
XTE J1118+480	6.4~7.2	6,000~6,500
백조자리 X – 1	7~13	6,000~8,000
GRO J0422+32	3~5	8,000~9,000
GS 2000 – 25	7~8	8,500~9,000
백조자리 V404	10~14	10,000
GX 339 – 4	5~6	15,000
GRS 1124 – 683	6.5~8.2	17,000
XTE J1550 – 564	10~11	17,000
XTE J1819 – 254	10~18	25,000 이하
4U 1543 – 475	8~10	24,000
궁수자리 A*	3,000,000	은하수 중심

블랙홀 후보 백조자리 X-1. 백조자리 방향으로 8000광년 거리에 있는 백조자리 X-1은 가장 유력한 블랙홀 후보이다. 태양 질량 30배의 청백색 거성 HDE226868로부터 고온의 가스가 흘러나와 1000만km 떨어진 곳으로 흘러들어가고 있었다. 백조자리 X-1의 질량은 태양의 약 10배이지만 반경은 20km 정도로 계산되었다.

근래에 들어 여러 기의 X선 천문 위성이 X선 별을 관측하여 1000개가 넘는 X선 쌍성계x-ray binary star system를 찾아냈다. 천문학자들은 그런 쌍성계들 가운데 몇 개는 X선 광원이 블랙홀이어야 한다는 결론을 내렸다. 그 근거는 쌍성계의 광학적 복사와 X선 복사의 주기적 요동을 정확히 측정함으로써 얻은 질량 추정치에 있다. 만일 조밀한 X선 별의 질량이 중성자별의 최대 질량보다 훨씬 크다고 판정되면, 그 X선 별은 블랙홀일 수밖에 없다.

이런 관측을 통해서 가장 유력한 블랙홀 후보로 등장한 것이 백조자리 X-1이다. 백조자리 X-1은 은하계에서 가장 강력한 X선 원의 하나로 1초에 1,000번 명멸한다. X선의 강도는 0.05초 이하에서 급변하고 있어 X선 원이 극도로 작은 것, 즉 블랙홀임을 보여 준다.

백조자리 X-1이 방출하는 X선은 다른 것들, 즉 기체를 빨아들이는 중성자별과는 다르다. 이들은 규칙적인 주기를 갖고 있는 것이 아니라 제멋대로 변한다. 더구나 그것은 질량이 적어도 태양의 여섯 배나 된다. 이는 도저히 백색 왜성이나 중성자별일 수 없음을 의미한다.

현재 우리 은하계에는 백조자리 X-1만큼 확실한 블랙홀 후보들이 여럿 있으며, 우리 은하계의 위성 은하인 대마젤란 은하의 X-1과 X-3도 블랙홀일 가능성이 매우 큰 것으로 거론되고 있다. 이것들은 모두 주위에 보통의 항성을 동반성으로 갖고 있으며, 거기서 기체가 블랙홀을 향하여 빨려 들어 가고 있다. 그리고 이들은 중성자별이라고 보기에는 너무 무거울 뿐 아니라 X선 방출이 빠르고 급격히 변하고 있어서 블랙홀이라는 가정과 잘 들어맞는다.

한편 블랙홀끼리 충돌이 일어날 경우, 서로 합체되어 질량이 더 커진 하나의 블랙홀이 형성될 수 있다. 이와 같이 블랙홀이 합체될 때는 강한 중력파가 방출되어 광속도로 우주 공간을 전파해 간다고 생각되는데, 아직 중력파 검출은 이루어지지 않고 있다. 하지만 언젠가는 중력파를 통해 블랙홀을 관측할 수 있을 것으로 과학자들은 기대하고 있다.

블랙홀은 우주에 존재하는 매우 특이한 천체이다. 상대성 이론으로 예측되는 블랙홀은 사건의 지평선과 특이점을 갖는다. 사건의 지평선이란 무엇이고 특이점은 또 무엇인가? 블랙홀로 떨어지면 어떤 일이 벌어지는가? 블랙홀도 물리적 실체이며 물리적 대상이 된다. 블랙홀은 어떤 물리학 법칙을 따르는가? 블랙홀은 양자 역학적 대상인가 아닌가? 블랙홀에 양자 역학을 적용하면 어떻게 되는가? 호킹은 블랙홀에 양자 역학을 적용하여 블랙홀이 모든 것을 빨아들이기만 하는 것이 아니라는 사실을 밝혔다. 호킹은 블랙홀이 어떻게 복사를 방출하고 심지어 증발해 사라질 수 있다고 주장했는가?

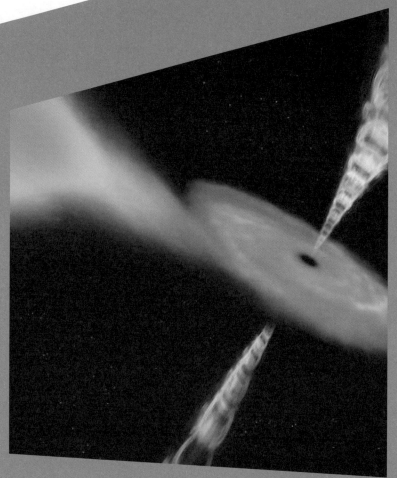

블랙홀의 특성

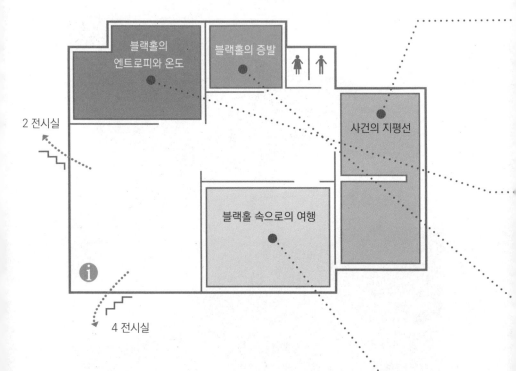

빛조차 도저히 빠져나올 수 없을 정도로 강한 중력과 밀도를 가져 그 존재조차 불분명하던 수수께끼에 싸인 천체, 블랙홀. 하지만 그 존재가 밝혀지기 시작하면서 그 특성들도 하나하나 드러나기 시작합니다. 여기에서는 블랙홀 내부에서 일어난 사건이 외부에 영향을 줄 수 없는 경계선인 사건의 지평선을 비롯해 중심의 특이점, 블랙홀의 엔트로피와 온도, 블랙홀의 증발과 같은 블랙홀의 특성을 살펴봅니다.

사건의 지평선

수축하는 별의 반지름이 슈바르츠실트 반지름보다 작아지면, 별의 표면에서 나온 빛은 슈바르츠실트 반지름 밖으로 나올 수 없게 된다. 다시 말해 물질이나 빛이 외부에서는 자유로이 내부로 들어갈 수 있지만, 내부에서는 빛조차도 밖으로 나올 수 없는 경계가 된다. 이 때문에 이 경계를 '사건의 지평선'이라 부르는 것이다. 사건의 지평선은 내부에서 일어난 사건이 외부에 영향을 줄 수 없는 시공간의 경계선이다. 이 경계선은 돌아올 수 없는, 다시 말해 중력이 매우 강해서 탈출이 불가능한 경계이다.

블랙홀의 엔트로피와 온도

1972년에 프린스턴 대학의 연구생이던 야콥 베켄슈타인은 전혀 뜻밖의 주장을 하였다. 그것은 블랙홀이 매우 큰 엔트로피를 갖고 있을 수 있다는 것이었다. 그의 주장은 블랙홀을 연구하던 다른 과학자들에게는 말도 안 되는 것으로 비쳐졌다. 하지만 베켄슈타인의 주장은 터무니없는 것이 아니었다. 모든 물리학자들이 이미 잘 알고 있는 '계의 총엔트로피는 항상 증가한다'는 열역학 제2법칙에 근거를 두고 있었기 때문이었다.

블랙홀의 증발

블랙홀이 온도를 갖는다면 그 온도에 해당하는 열복사를 방출해야 한다. 이것을 호킹 복사라고 한다. 호킹 복사는 블랙홀이 양자 물리학적 효과로 인해 방출하는 열복사다. 블랙홀이 복사를 방출한다면 블랙홀은 완전히 '검다'기보다는 오히려 빛나게 된다. 호킹 복사가 계속되면 블랙홀은 질량을 잃게 된다. 만약 블랙홀이 흡수하는 질량보다 호킹 복사로 잃는 질량이 더 많게 되면 블랙홀은 질량이 점점 줄어들다가 나중에는 사라질 것으로 예상할 수 있다.

블랙홀 속으로의 여행

만약 어떤 사람이 블랙홀 속으로 떨어진다면 어떻게 될까? 아마도 그것은 두 번 다시 겪고 싶지 않은 가장 치명적인 실수가 될 것이다. 그것이 더욱 치명적인 것은 두 번 다시 그런 실수를 만회할 기회조차 주어지지 않는다는 것이다. 왜 그런지 알아보기 위해 가상의 우주선을 타고 블랙홀로 다가가는 가상의 여행을 해 보도록 하자.

> 66 SF 소설 팬들을 실망시켜서 미안하지만,
> 만약 정보가 보존된다면 블랙홀을 이용해 다른 우주로
> 여행하는 것은 불가능하다. 99
> —스티븐 호킹

블랙홀은 물질의 중력 붕괴로 생기며 블랙홀이 형성되면 필연적으로 특이점과 사건의 지평선이 나타나는 것으로 알려져 있다. 물질이 중력 붕괴를 일으키면 어떻게 블랙홀이 생기는 것일까? 특이점이란 무엇이고 사건의 지평선이란 또 무엇인가?

우리는 앞에서 뉴턴의 중력 이론과 아인슈타인의 일반 상대성 이론 모두가 블랙홀을 예고한다는 것을 알았다. 하지만 두 이론이 예측하는 블랙홀의 성격은 전혀 다르다. 예를 들어 뉴턴 이론에서는 블랙홀 주위의 시공간에 대해 아무런 언급도 하지 않는데 비해 일반 상대성 이론은 블랙홀 주위에 형성되는 시간과 공간의 왜곡을 분명하게 보여 준다.

따라서 뉴턴 이론의 블랙홀은 시공간의 왜곡을 포함하지 않는 반면 일반 상대성 이론의 블랙홀은 시공간의 왜곡을 예측한다는 점에서

더 근본적이라고 볼 수 있다. 또 다른 차이점은 뉴턴 이론에서는 블랙홀의 중심에서만 무한대가 나타나는 반면, 일반 상대성 이론에서는 슈바르츠실트 반지름과 그 내부에서도 무한대가 나타난다는 사실이다.

따라서 우리는 일반 상대성 이론으로부터 물질의 밀도와 중력장이 무한대가 되는 특이점이 있으면 시공간에도 유사한 징후가 나타날 것을 예상할 수 있다. 그러면 이제부터 물질이 중력 붕괴하면 시공간에 어떻게 블랙홀이 형성되며, 사건의 지평선과 그 지평선 내부에서 시간과 공간이 어떻게 바뀌는지 살펴보도록 하자.

사건의 지평선

물질이 자체 중력에 의해 완전히 붕괴하면 어떻게 될까? 다시 말해 물질이 완전히 붕괴하여 중력에 맞서는 어떤 힘도 물질을 구성하는 입자들의 분해를 막을 수 없게 되면 모든 물질이 공간의 한 점으로 모여들어 밀도가 무한대가 되는 블랙홀이 생성될까?

뉴턴의 중력 이론에 따르면 그럴 수 있으나 일반 상대성 이론에 따르면 그렇지 않다. 왜냐하면 마지막 단계에서 물질은 완전히 붕괴하지만 상대성 이론에 따라 공간과 시간이 상호 변환될 수 있어서 공간의 한 점에서 이런 일이 일어나지 않기 때문이다. 그리고 이 점은 블랙홀 밖에서는 절대로 볼 수 없다는 것이다. 물질 붕괴로 생긴 특이점은 그로부터 멀리 떨어져 있는 지평선에 의해 가려지기 때문이다. 단지 지평선과 그 주위의 특이한 성질만이 내부에 블랙홀이 존재한다는 것을 알려줄 뿐이다.

수축하는 별의 반지름이 슈바르츠실트 반지름보다 작아지면, 별의 표면에서 나온 빛은 슈바르츠실트 반지름 밖으로 나올 수 없게 된다. 다시 말해 물질이나 빛이 외부에서는 자유로이 내부로 들어갈 수 있지만, 내부에서는 빛조차도 밖으로 나올 수 없는 경계가 된다. 이 때문에 이 경계를 '사건의 지평선'이라 부르는 것이다.

사건의 지평선은 내부에서 일어난 사건이 외부에 영향을 줄 수 없는 시공간의 경계선이다. 이 경계선은 돌아올 수 없는, 다시 말해 중력이 매우 강해서 탈출이 불가능한 경계이다. 경계선의 외부에서는 물질이나 빛이 자유롭게 안쪽으로 들어갈 수 있으나 내부에서는 블랙홀의 중력에 대한 탈출 속도가 빛의 속도보다 커지므로 원래 있던 곳으로 되돌아 나갈 수는 없다.

사건의 지평선 안과 밖에서 시간과 공간은 그 의미가 달라진다. 사건의 지평선 밖에서의 시간은 미래를 향해 달릴 뿐 멈추거나 과거로 향하게 할 수는 없다. 그리고 사건의 지평선 안에서는 모든 것이 특이점을 향해 진행할 뿐 특이점으로부터 멀어지는 것은 불가능하게 된다. 이 때문에 이곳에서는 특이점으로부터의 거리가 시간의 역할을 하게 된다.

일반 상대성 이론에서 사건의 지평선은 실제로 경계를 나타낸다. 이곳에서는 공간의 곡률이 무한대이다. 블랙홀로 떨어지는 물질의 밀도도 마찬가지이다. 여기가 물질이 완전히 붕괴하는 점(시간에서의)이다.

사건의 지평선은 여러 가지 흥미 있는 성질을 갖는다. 이것은 미래의 종착지이고 특이점으로부터 멀리 떨어져 있다. 무거운 블랙홀의 경우에는 사건의 지평선은 특이점으로부터 매우 멀리 떨어져 있을 수 있다. 예를 들어 은하 중심에서 발견되는, 태양보다 100만 배 이상 많은 질량을 가진 초대질량 블랙홀의 사건의 지평선 반지름은 태양계 크기 정도 된다.

블랙홀의 사건의 지평선의 의미는 오랫동안 제대로 이해되지 못하다가 최근에야 이해할 수 있게 되었다. 사건의 지평선은 그 중심에 있는 특이점에 비하면 시공간의 뒤틀림이 극단적이지 않지만 사건의 지평선에서도 무한대가 발생하기 때문에 그 의미를 제대로 이해하기가 어려웠던 탓이다.

예를 들어 사건의 지평선 부근에서 방출되는 신호는 외부 관측자에게 무한대로 적색 편이된다. 이것이 무슨 말인가 하면, 만약 어떤 물체가 블랙홀의 사건의 지평선에 도달해 블랙홀로 사라지기 직전에 내는 신호(예를 들어, 빛이나 전파)는 더 이상 외부에서 수신되지 않는다.

다시 말해 블랙홀에서 멀리 떨어진 곳에서 시간이 정상적으로 흐른다면 사건의 지평선 부근에서는 시간이 지연된다는 것이다. 따라서 지평선 부근에서는 빛 자체가 영향을 받아 빛이 외부 관측자에게 도달했을 때는 가시광선 영역의 전자기파가 대부분 사라져 희미해 보인다. 그러나 이것은 시공간이나 물질의 직접적 물리적 성질의 변화를 의미하는 것이 아니다. 오로지 관측자가 인지하는 상태에서만 무한대가 나타나는 것이다.

그리고 블랙홀의 사건의 지평선은 물체를 둘러싸고 있는 공간의 표면 같은 것이 아니다. 사건의 지평선 위에 올라서거나 머무르는 것은 불가능하다. 또한 사건의 지평선을 일단 통과하면 되돌아가는 것도 불가능하다. 곧바로 특이점으로 빨려 들어가게 된다. 심지어 빛마저도 기껏해야 영원히 경계를 맴돌면서 특이점으로 빠지는 것을 피할 수 있을 뿐 절대 밖으로 빠져나갈 수 없다.

중심의 특이점

블랙홀 사건의 지평선 안에는 밀도가 무한대인 특이점이 있다. 이 특이점은 슈바르츠실트가 일반 상대성 이론의 장 방정식을 구대칭인 물질에 적용하여 처음 발견했다. 하지만 특이점 역시 오랫동안 잘못 이해되어 왔다. 특이점을 올바르게 이해하게 된 것은 1960년대 이후 시공간의 일반적 성질에 대한 기하학적 이해가 증진되면서부터이다.

아인슈타인을 비롯한 여러 학자들은 특이점을 장 방정식을 풀기 위해 가정한 대칭성 때문에 수학적으로 나타나는 것으로 보고 현실적인 해에서는 사라질 것으로 기대했다. 예를 들어 슈바르츠실트 해에서 나타나는 특이점은 슈바르츠실트가 아인슈타인의 장 방정식을 풀 때 도입했던 가정의 탓으로 돌렸다. 다시 말해 슈바르츠실트는 완전 구대칭인 천체를 가정했으므로 중력 붕괴가 중심에 있는 한 점을 향해서 이루어져서 모든 물질이 한 점에 모여 밀도가 무한대로 커진 것으로 생각하였다.

완전 구대칭인 물질이 안쪽으로 무너져 내리는 경우 분명히 중심에서 서로 충돌하게 될 것이다. 그때 중심에서의 중력은 뉴턴의 이론에서도 무한대가 될 것이다. 하지만 이 무한대는 단지 대칭성의 산물일 뿐이며 만약 낙하가 정확히 중심 방향이 아니라면, 그 조각들은 서로 빗나가게 될 것이라는 생각을 했다.

그리고 실제의 별들은 모두 완전한 구가 아니다. 대부분의 별들은 자전하고 있기 때문에 적도 부분이 약간 부풀어 오른 약간 납작한 타원체 형태이다. 따라서 이런 별들이 붕괴하면 한 점이 아니라 일정한 부피로 붕괴되어 마지막에 남는 것은 매우 밀도가 높지만 특이점은 아니라는 생각이다.

이에 따라 독일의 수학자 헤르만 바일Hermann Weyl(1885~1955)은 아인슈타인의 장 방정식을 비구대칭인 물체에 적용하여 해를 구했다. 바일의 해는 슈바르츠실트 해와 조금 다르기는 했지만 내부에 특이점이 있었다. 수학자 펜로즈와 물리학자 호킹과 브랜든 카터Brandon Carter(1942~) 등은 일반적인 비대칭계에서도 시공간 안에 특이점들이 나타난다는 것을 증명했다. 이것을 특이점 정리singularity theorem *라 부른다.

특이점 자체를 연구하려면 중력 붕괴의 마지막 과정을 자세히 보여 줄 수 있는 새로운 중력 이론이 있어야 한다. 일반 상대성 이론의 방정식은 중성자별과 확실히 구별되는 블랙홀의 성질을 보여 준다. 그것은 특이점이 공간의 점이 아니라 시간의 점이라는 것이다. 하지만 일반

---

* 특이점 정리는 호킹과 펜로즈가 고전적 중력 이론에 관하여 증명한 것으로, 일반 상대성 이론을 출발점으로 하여 어떤 조건하에서는 반드시 특이점이 존재한다는 것이다. 예를 들어 팽창 우주의 시초나 별의 중력 붕괴의 말기에는 필연적으로 시공의 특이점이 존재하게 된다는 것이다.

상대성 이론은 우리를 그 너머로 이끌어 주지는 못한다. 방정식에 무한이 나타나기 때문이다. 무한은 방정식의 수학적 의미를 잃게 만들기 때문에 지평선 너머의 시공간을 탐사하는 데 일반 상대성 이론의 방정식을 사용할 수 없게 된다. 따라서 블랙홀로 붕괴하는 물질은 일정한 시간이 지난 후 이 경계에 도달하지만 그 후에는 더 이상 존재하지 않는데 이것이 일반 상대성 이론의 한계인지 실제의 한계인지 모른다는 것이다. 이에 대한 대답은 보다 일반화된 이론, 다시 말해 보다 중력을 양자화한 양자 중력 이론과 같은 이론으로만 대답할 수 있는 문제이기 때문이다.

특이점 정리에 따라 일반적으로 특이점이 생기지만, 특이점의 대부분은 사건의 지평선에 둘러싸여 외부 세계와 완전히 고립되어 있으므로 물리 법칙을 적용시키는 데 아무런 문제가 없다. 문제는 이론적으로 특별한 경우 블랙홀이 사건의 지평선에 둘러싸이지 않은 시공간의 특이점, 다시 말해 노출 특이점을 가질 수 있다는 사실이다. 이 때문에 펜로즈는 노출 특이점은 자연적으로 발생하지 않으며 특이점은 반드시 사건의 지평선에 의해 숨겨진다는 가설(우주 검열관 가설)을 내놓았다. 이 가설은 노출 특이점은 아주 특별한 조건에서 중력 붕괴가 일어날 경우 외에는 생기지 않아서 실제 우주에서는 아무런 역할을 하지 못할 것이라는 것이다.

이런 가정은 어쩌면 "자연은 이래서 안 된다"는 식의 인간의 편협한 사고의 표출일 수도 있다. 하지만 노출 특이점이 존재하게 되면 빛을 비롯해 많은 것들이 우리에게 도달할 수 있게 된다. 그렇게 되면 그

곳에서는 일반 상대성 이론 관점에서 보면 어떤 일도 일어날 수 있게 된다. 그리고 거기서 일어난 일이 나머지 시공간에 영향을 준다 해도 더 이상 일반 상대성 이론은 아무 예측도 할 수 없게 된다.

블랙홀의 엔트로피와 온도

블랙홀은 다른 천체들, 이를테면 별이나 은하처럼 복잡한 구조를 갖지 않는다. 외부적으로 나타나는 블랙홀이 갖는 유일한 특성은 질량(무게)과 회전(자전) 그리고 전하량뿐이다. 이를 근거로 물리학자들은 블랙홀을 물리적으로 매우 단순한 천체로 생각했다.

그런데 1972년에 프린스턴 대학의 연구생이던 야콥 베켄슈타인 Jacob Bekenstein(1947~)은 전혀 뜻밖의 주장을 하였다. 그것은 블랙홀이 매우 큰 엔트로피entropy *를 갖고 있을 수 있다는 것이었다. 그의 주장은 블랙홀을 연구하던 다른 과학자들에게는 말도 안 되는 것으로 비쳐졌다. 하지만 베켄슈타인의 주장이 터무니없는 것은 아니었다. 모든 물리학자들이 이미 잘 알고 있는 '계의 총엔트로피는 항상 증가한다'는 열역학 제2법칙the second law of thermodynamics **에 근거를 두고 있었기 때문이었다.

우리는 사물을 그대로 방치해 두면, 무질서도가 늘어난다는 것을

• 엔트로피는 계의 무질서한 정도를 나타내는 양이다. 엔트로피의 정의는 다소 복잡하지만 그 개념은 계의 외관을 변화시키지 않으면서 내용물을 재배열시킬 수 있는 방법의 가짓수에 해당한다.

•• 열역학 제2법칙은 고립계에서 총엔트로피는 항상 증가하며 감소하지 않는다는 법칙이다. 이것은 자연계에는 자발적으로 일어나는 방향이 있으며 모든 과정이 가역 과정이 아니라는 것이다.

경험으로 익히 알고 있다. 예를 들어 사람이 살지 않고 내버려 둔 빈 집에 가보면 그것을 쉽게 확인할 수 있다. 문짝이 떨어지고 지붕이 내려앉거나, 담이 허물어지고 마당에 잡초나 낙엽들이 흩어져 있는 것을 볼 수 있다. 물론 우리는 무질서를 질서로 바꿀 수도 있다. 그러나 이를 위해서는 반드시 그 대가를 지불해야 한다. 다시 말해 에너지를 소모해야 한다. 이러한 개념을 기술한 것이 열역학 제2법칙이다. 이 법칙에 따르면 물리계의 총엔트로피는 항상 증가할 뿐 결코 감소하지 않는다.

그런데 만약 우리 주위에 블랙홀이 있다면 어떻게 될까? 그때는 쉽게 열역학 제2법칙을 깨뜨릴 수 있게 된다. 엔트로피가 높은 물체, 예를 들어 기체가 들어 있는 상자를 블랙홀 속으로 던져 넣으면 블랙홀 외부의 총엔트로피는 낮아지게 된다. 물론 블랙홀을 포함하면 전체 엔트로피는 낮아지지 않는다고 말할 수 있지만 블랙홀 안쪽을 들여다볼 수 있는 방법이 없으므로 우리는 블랙홀 내부의 물질이 얼마나 많은 엔트로피를 가지고 있는지 알 수 없다.

베켄슈타인은 이러한 문제를 해결하기 위해 "블랙홀은 엔트로피를 갖는다"고 주장한 것이다. 그리고 그는 '사건의 지평선의 넓이가 항상 증가한다"는 호킹의 발견*을 근거로 들고 '사건의 지평선의 넓이'가 블랙홀의 엔트로피를 측정할 수 있는 척도라고 제시했다.

앞에서 살펴보았듯이 블랙홀의 사건의 지평선은 블랙홀의 질량에 의해 결정된다. 그리고 블랙홀은 오직 물질을 빨아들이기만 하므로 블랙홀의 사건의 지평선은 줄어들 수가 없다. 베켄슈타인은 사건의 지평선의 넓이가 줄어들지 않는다는 블랙홀의 특성이 열역학에서의 엔트

---

*   호킹은 "블랙홀의 사건 지평선의 넓이는 어떤 물리적 과정을 거치든 간에 항상 증가한다"는 사실을 발표한 바 있었다.

병합되는 블랙홀의 상상도. 두 개의 블랙홀이 충돌하면 원래의 넓이의 합보다 더 큰 사건의 지평선을 형성한다.

로피라는 양과 비슷하다는 착상을 한 것이다. 엔트로피를 가진 물질이 블랙홀 속으로 떨어질 때, 그 블랙홀의 사건의 지평선 넓이는 늘어나지 줄어들지 않을 것이므로 사건의 지평선 넓이가 블랙홀 엔트로피의 척도가 된다는 것이다.

하지만 다른 물리학자들은 베켄슈타인의 주장에 동조하지 않았는데, 그 이유는 무엇보다도 블랙홀은 우주 안의 모든 물체들 중에서 내부가 가장 질서 정연하게 정돈되어 있는 물체라고 생각하고 있었기 때문이었다. 겉으로 볼 때 블랙홀은 질량과 전하, 그리고 각운동량만 알면 그 특성이 모두 드러나는 단순한 천체였으므로 그 내부에 커다란 무질서나 혼돈 상태를 갖고 있으리라 생각하기 어려웠다. 그것은 마치 책상 하나, 의자 하나, 그리고 시계 하나가 걸려 있는 방안이 매우 무질서하다고 말하는 것과 다를 바 없어 보였기 때문이다.

또 다른 이유는 엔트로피는 양자 역학적 개념인 반면에 블랙홀은 일반 상대성 이론의 산물이었기 때문이다. 일반 상대성 이론은 질량이 매우 크고 광속에 가까운 속도로 움직이는 거시적 세계를 대상으로 하는 반면 양자 역학은 질량과 크기가 소립자 정도로 매우 작은 미시적 세계를 대상으로 하는 분야로 물리학의 서로 다른 양극단에 있는 분야였다. 따라서 당시로서는 두 이론을 한데 엮을 논리가 전혀 없었으므로, 블랙홀의 엔트로피를 논하는 것 자체가 어려웠다.

스티븐 호킹도 처음엔 베켄슈타인의 논리에 반대했다. 그 이유는 블랙홀이 엔트로피를 갖는다면 온도가 있어야 하기 때문이었다. 만약 블랙홀이 온도가 있다면 흑체 복사 법칙에 따라 그 온도에 해당하는 복사 에너지를 방출해야 한다. 하지만 이는 블랙홀이 '검다'는 특성, 다시 말해 블랙홀은 아무것도 방출하지 않는다는 블랙홀의 근본 특성에 정면으로 배치된다.● 이와 같은 상호 모순된 상황과 마주친 호킹은 숙고를 거듭한 후 1974년에 놀라운 사실을 발표했다. 그것은 "블랙홀은 완전히 검지 않다"는 것이었다.

양자 역학을 고려하지 않고, 오로지 일반 상대성 이론만 고려한다면 블랙홀은 아무것도 방출하지 않아야 한다. 중력이 워낙 커서 그 어떤 것도 블랙홀의 중력권을 벗어날 수 없기 때문이다. 그러나 여기에

● 당시 호킹은 엔트로피를 가진 물질이 블랙홀의 내부로 빨려 들어가면 엔트로피 자체가 사라진다는 생각을 갖고 있었다. 물론 이러한 생각은 열역학 제2법칙에는 위배되는 것이었지만, 당시로서는 그것이 최선의 결론이라고 보았다.

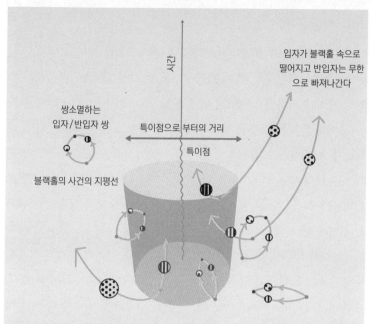

호킹 복사. 블랙홀 사건의 지평선 근처에서 생긴 가상의 입자 쌍 중 하나가 블랙홀 속으로 빨려 들어가면 다른 하나는 블랙홀에서 벗어날 수 있다. 이 입자는 블랙홀로부터 그 에너지를 얻었으므로 블랙홀로부터 방출되는 셈이 된다.

양자 역학의 개념을 도입하면 상황은 달라진다. 호킹은 양자 역학과 일 반 상대성 이론을 하나의 이론으로 통합할 수는 없었지만 이들을 부 분적으로 통합하여 믿을 만한 결론을 이끌어 냈다. 그가 얻은 결론은 "블랙홀도 양자 역학적으로 복사를 방출한다"는 것이었다. 계산 과정 은 길고 복잡하지만 기본적인 개념은 다음과 같다.

양자 역학의 불확정성 원리uncertainty principle에 따르면 아무것도 없 는 진공에서도 수많은 가상 입자들이 수시로 생성되었다가 사라진다.

이러한 양자적 요동 현상은 블랙홀의 사건의 지평선 바깥쪽에서도 일어나고 있다. 그런데 이때 짝으로 생성된 두 가상 입자들 중 하나가 우연히 사건의 지평선을 넘어서 블랙홀 속으로 빨려 들어가면, 짝을 잃은 나머지 입자는 소멸될 방법이 없다. 하지만 호킹이 얻은 결과에 따르면 홀로된 입자는 블랙홀의 중력에서 에너지를 얻어 블랙홀의 반대쪽으로 사라진다. 그리고 이러한 현상이 반복해서 일어날 때 블랙홀로부터 충분히 먼 거리에서 보면 블랙홀이 입자를 꾸준히 방출하는 것처럼 보이게 된다.

호킹이 행한 계산은 다른 과학자들에 의해서 여러 가지 방식으로 재확인되었다. 이들이 얻은 결과는 모두 호킹의 결과와 동일했다. 블랙홀은 입자를 방출하고 있었으며, 그것도 정확하게 열역학 제2법칙의 위배를 방지하는 비율로 입자를 방출하고 있었다.

혹자는 "사건의 지평선 안에서는 아무것도 밖으로 빠져나올 수 없다고 알려져 있는데 어떻게 블랙홀이 입자를 방출할 수 있단 말인가?" 하고 반문할지도 모르겠다. 사실 이 입자들은 블랙홀 속에서 나오는 것이 아니라 블랙홀의 사건의 지평선 바로 바깥쪽에 있는 '빈' 공간에서 나오는 것이다.

양자 역학적 관점에서 보면 사실 우리가 아무것도 없는 '진공'이라고 생각하는 곳도 완전한 '진공'이 아니다. 완전히 비어 있다는 말은 중력장이나 전자기장과 같은 모든 장들이 정확히 0이어야 한다. 그러나 어떤 장의 값과 시간에 따른 변화율은 각각 입자의 위치와 속도에 해당한다. 불확정성 원리는 우리가 이러한 양들 중 어느 하나를 정확하게 알면 알수록 다른 양은 덜 정확해진다는 것을 암시한다. 따라서 빈 공간에서, 그 장은 정확히 0으로 고정될 수 없다. 그렇게 되면 정확한 값(0)과 정확한 변화율(역시 0)을 동시에 가지게 되어 불확정성 원리에 위배되기 때문이다. 다시 말해 장의 값에는 불확정성의 특정한 최소량 또는 양자 요동이 있어야 한다는 것이다.

이러한 요동은 어떤 때에 쌍으로 나타나서 서로 멀어졌다가 다시 합쳐져서 소멸하는 입자 쌍으로 생각할 수 있다. 이 입자들은 중력이나 전자기력을 전달하는 입자처럼 가상 입자들이다. 이 입자들은 실제 입자들처럼 입자 검출기로 직접 관측될 수는 없지만 간접적인 효과는 측정이 가능하며 이론적 예측과 정확하게 일치한다.

호킹은 멀리 있는 관측자가 느끼는 블랙홀의 온도도 계산했는데, 질량이 M인 블랙홀은 다음과 같은 온도를 갖는다고 밝혔다.

$$T = \frac{\hbar c^3}{8\pi k_\mathrm{B} G M}$$

여기서 $\hbar = 1.05 \times 10^{-34}\,[J \cdot s]$는 플랑크 상수이고, $k_B = 1.380 \times 10^{-23}\,[J/K]$이다. 이 온도를 호킹 온도Hawking temperature라고도 부르는데, 호킹 온도는 질량이 작을수록 더 높다. 위 식을 태양의 질량 $M_\odot$으로 나타내면 다음과 같다.

$$T \approx 10^{-7} \left(\frac{M_\odot}{M} \right)^{-1} [K]$$

위 식에 따르면 질량이 태양 정도인 블랙홀의 온도는 불과 1,000
만 분의 1도밖에 되지 않는다.

블랙홀의 증발

블랙홀이 온도를 갖는다면 그 온도에 해당하는 열복사를 방출해야 한
다. 이것을 호킹 복사Hawking radiation라고 한다. 호킹 복사는 블랙홀이
양자 역학적 효과로 인해 방출하는 열복사다. 블랙홀이 복사를 방출한
다면 블랙홀은 완전히 '검다'기보다는 오히려 빛나게 된다.

이 효과는 크기가 매우 작은 소형 블랙홀인 경우에 두드러지게 나
타난다. 블랙홀이 전자나 양전자와 같은 입자를 방출할 수 있으려면 슈
바르츠실트 반지름이 소립자 정도로 작아야 한다. 이보다 크면 입자를
만들어 낼 수 없고, 파장이 블랙홀의 크기를 초과하지 않는 빛이나 마
이크로파만 방출할 수 있다. 호킹의 계산에 따르면 태양 질량의 3배 질
량을 갖는 블랙홀의 온도는 약 $10^{-8}K$ 정도이다. 이러한 블랙홀에서 복
사되는 양은 너무 작아서 현재로서는 실험적으로 관측할 방법이 없다.

호킹 복사가 계속되면 블랙홀은 질량을 잃게 된다. 만약 블랙홀이
흡수하는 질량보다 호킹 복사로 잃는 질량이 더 많게 되면 블랙홀은
질량이 점점 줄어들다가 나중에는 사라질 것으로 예상할 수 있다. 호

킹은 질량 M인 블랙홀이 증발하는 데 걸리는 시간을 다음과 같이 예측했다.

$$T = 10^{71} \left(\frac{M_\odot}{M} \right)^3 [sec]$$

현재 대부분의 항성 블랙홀의 온도는 수백만 분의 1도로 우주 배경 복사cosmic background radiation[*] 온도보다도 훨씬 낮다. 따라서 이러한 블랙홀은 우주 배경 복사를 흡수하는 양보다 훨씬 적은 양의 에너지를 방출한다. 이런 블랙홀에 대해서는 호킹 복사는 아주 무시할 만하다. 따라서 항성 블랙홀들은 우주의 역사보다 훨씬 더 오랫동안 존속할 것이다.

하지만 우주가 영원히 팽창을 계속한다면, 우주 배경 복사의 온도는 언젠가는 이런 블랙홀의 온도보다 낮아질 것이고, 그때가 되면 블랙홀은 질량을 상실하기 시작할 것이다. 그러나 그때가 되어도 블랙홀의 온도는 여전히 너무 낮아서, 블랙홀이 완전히 증발하려면 약 10^{66}년의 시간이 걸릴 것으로 예상된다. 이 시간은 현재 알려진 우주의 나이(137억 년)에 비하면 어마어마하게 긴 시간이다.

만약 우주에 질량이 작은 블랙홀들이 존재한다면 이보다 훨씬 빨리 증발하기 시작할 것이다. 블랙홀은 질량을 잃을수록 온도가 높아지고 증발 속도도 더 빨라진다. 마지막 순간에는 감마선 섬광을 내며 소멸할 수도 있다. 블랙홀의 질량이 마침내 극도로 작아졌을 때에 어떤 일이 일어날지는 그리 확실하지 않다. 그러나 가장 그럴듯한 추측은 수

● 우주 배경 복사는 우주의 모든 방향에서 같은 강도로 들어오는 0.1㎜~20㎝의 초단파로, 2.7K의 흑체 복사를 나타낸다. 이 초단파는 빅뱅 이론에서 예측한 대폭발의 잔광으로 간주된다.

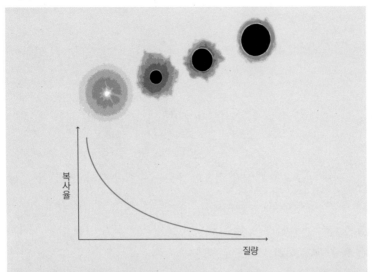

블랙홀의 증발. 블랙홀은 복사를 방출하며, 따라서 에너지와 질량을 잃는다. 그 비율은 블랙홀이 작을수록 커진다. 블랙홀은 결국 거대한 폭발을 일으키며 완전히 사라지는 것으로 생각된다.

백만 개의 수소 폭탄의 폭발과 맞먹는 엄청난 복사를 최후로 방출하면서 블랙홀이 완전히 사라지리라는 것이다. 이는 대단한 사건일 것이며, 심지어 관찰도 할 수 있을 것이다.

블랙홀은 질량이 작을수록 온도가 높고 복사량도 많아진다. 예를 들어, 소행성 정도 크기의 블랙홀은 감마선을 수소 폭탄 100만 × 100만 톤의 강도로 복사해 낸다. 그래서 천문학자들은 블랙홀을 찾기 위해 이 감마선의 원천을 추적하고 있다. 그러나 지금까지의 관측 결과는 부정적이다. 그래서 호킹은 "누군가가 이런 방식으로 블랙홀을 찾아낸다면, 나는 노벨상을 타게 된다"고 농담처럼 말하기도 한다.

블랙홀이 증발하고 나면 무엇이 남을까? 모든 것은 사라지고 시공 구조 속에는 그 흉터만 남을까? 아니면 모든 것은 흔적도 없이 사라질까? 지금으로서는 알 수가 없다. 방출된 에너지가 다시 블랙홀에 끼치는 영향을 계산하는 문제가 해결되지 않았기 때문이다.

블랙홀 속으로의 여행

만약 어떤 사람이 블랙홀 속으로 떨어진다면 어떻게 될까? 아마도 그것은 두 번 다시 겪고 싶지 않은 치명적인 실수가 될 것이다. 그것이 더욱 치명적인 것은 두 번 다시 그런 실수를 만회할 기회조차 주어지지

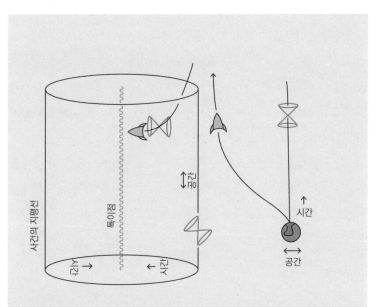

블랙홀로 접근하는 우주선. 블랙홀에서 멀리 떨어진 행성과 블랙홀 가까이 다가가서 블랙홀 속으로 빨려 들어가고 있는 우주선의 세계선을 보여 준다.

않는다는 것이다. 왜 그런지 알아보기 위해 이제부터 우주선을 타고 블랙홀로 다가가는 가상 여행을 해보도록 하자.

앞의 그림은 블랙홀로부터 매우 멀리 떨어져 있는 행성에서 출발한 우주선이 블랙홀 가까이 다가가서 블랙홀 속으로 빨려 들어가는 상황을 시공간 도표로 나타낸 것이다.

그림 속의 곡선과 직선은 블랙홀에 접근하는 우주선의 세계선과 머물러 있는 사람의 세계선을 보여 준다. 오른쪽 우주선의 세계선은 블랙홀에서 멀리 떨어진 관측자가 보는 우주선의 운동을 나타낸 것이다. 블랙홀로 접근하는 우주선은 처음에는 빠르게 블랙홀을 향해 떨어져 내린다. 그러나 블랙홀에 가까이 다가갈수록 속도는 계속 느려지고 사건의 지평선 바로 바깥에서 더 이상 지평선에 접근하지 못하고 얼어붙는다. 관측자가 일생 동안 지켜본다고 해도 우주선은 결코 사건의 지평선에 도달하지 못할 것이다.

하지만 실제로는 관측자가 우주선의 모습을 계속 지켜보기는 어렵다. 우주선이 사건의 지평선에 가까이 다가가면 갈수록 우주선의 모습이 점점 더 적색 편이되어 희미해지기 때문이다. 이 때문에 우주선은 어느 순간 보이지 않게 된다. 하지만 우주선이 지평선을 넘어가서 보이지 않게 되는 것은 아니다.

한편 블랙홀로 떨어지는 우주선 안에 타고 있는 사람은 이 상황을 어떻게 보게 될까? 우주선 탑승자가 겪게 되는 일은 매우 비극적이다. 왜냐하면 블랙홀에 접근하면서 엄청나게 강한 조석력tidal force*을 몸소 경험하게 되기 때문이다.

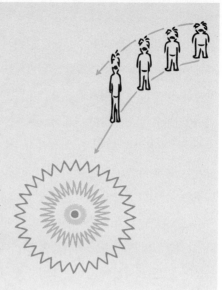

블랙홀은 접근하는 모든 물체를 파괴한다. 블랙홀로 떨어지고 있는 사람은 큰 조석력을 받는다. 다리가 먼저 블랙홀로 떨어지면 블랙홀이 다리를 잡아당기는 힘은 머리를 잡아당기는 힘보다 훨씬 크다. 이 힘의 차이가 조석력이다.

　　조석력은 사실 낯선 힘이 아니다. 지구 위에 있는 우리 몸도 지구의 조석력을 경험하고 있기 때문이다. 다시 말해 우리가 지구 위에 서 있을 때 우리의 발은 머리보다 지구 중심에 약간 더 가깝다. 따라서 거리의 제곱에 반비례하는 뉴턴의 중력 법칙에 따라 우리 발에 미치는 중력은 머리에 미치는 중력보다 약간 더 크다. 이 힘의 차이가 바로 우리 몸에 작용하는 조석력이다. 하지만 지구의 반경은 매우 크기 때문에 두 힘의 차이는 거의 없어서 우리는 그 힘을 지각할 수 없는 것이다.

　　하지만 우리 몸이 그림처럼 블랙홀 속으로 떨어지고 있다면 그것

● 조석력은 지구 표면에서 밀물과 썰물을 일으키는 힘이다. 이 힘은 달이 지구 각 지점에 미치는 인력의 차이에서 기인한다. 지구에 미치는 달의 인력은 지구의 중심과 지표면에서 차이가 나는데 이 차이로 인해 지구 표면의 바닷물이 달쪽으로 끌려가거나 멀어진다. 여기에 지구의 자전이 더해지면서 바닷물이 지역에 따라 해안에서 물러났다가 다시 몰려오는 일이 주기적으로 발생하는 것이 조석이다. 물론 태양도 지구에 조석력을 미치지만 그 영향은 달의 약 절반 정도에 그친다.

은 전혀 다른 문제가 된다. 블랙홀로 다가갈수록 다리에 작용하는 중력과 머리에 작용하는 중력의 차이가 매우 커져서, 우리 몸은 그 힘의 차이로 길게 잡아 늘여지게 된다. 그리고 마침내 어느 한계점을 넘어서면 우리 몸은 산산조각이 나게 될 것이다.

이처럼 블랙홀 밖에 있는 사람이 보는 결말과 블랙홀로 떨어지는 사람이 겪게 되는 결말은 전혀 다르다. 왜 결말이 이렇게 다른 것일까? 그것은 블랙홀 주위의 시공간이 엄청나게 왜곡되기 때문이다. 사건의 지평선에 가까이 다가가면 갈수록 시간 지연 효과는 더욱 크게 일어난다. 하지만 슈바르츠실트 반지름에 접근하는 관측자는 그것을 느끼지 못한다. 만일 여러분이 슈바르츠실트 반지름 근처에 있다 해도 시간에 대해서 어떤 이상한 점도 발견하지 못할 것이다. 여러분의 시간이 느리게 간다는 것을 발견하게 되는 것은 다른 곳에 있는 누군가의 시간과 비교할 때뿐이기 때문이다.

이것을 이해하기 위해서, A라는 사람은 지구에 있고 B라는 사람은 우주선을 타고 블랙홀로 날아가면서 서로 지속적인 신호를 주고받는다고 생각해 보자. 블랙홀로 다가가는 관측자와 지구에 남아 있는 관측자 사이의 시간을 비교하면 시간 지연 효과가 나타난다.

다음 그래프는 태양 질량을 갖는 블랙홀의 경우, A가 차고 있는 시계에 대해 B가 차고 있는 시계의 상대적인 빠르기를 나타낸 것이다. 이 그래프는 B가 블랙홀 특이점으로부터 6km 떨어져 있을 때 B 시계는 A 시계의 절반의 속도로 가는 것을 보여 준다. 두 사람은 자신의 시계만 보고 있을 때는 이 사실을 모르지만 전파 신호를 주고받음으로

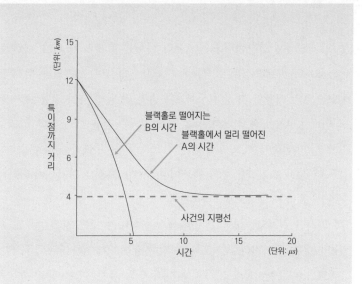

블랙홀 속으로 여행. 태양 질량을 가진 블랙홀 속으로 떨어지는 B가 측정하는 시간과 블랙홀에서 멀리 떨어진 행성에 있는 A가 측정하는 시간은 전혀 다르다.

써 그 사실을 알게 된다. 다시 말해 B는 자신이 A보다 나이를 덜 먹는다는 사실을 알게 되고, A 역시 이 사실을 알게 된다.

만약 두 사람이 서로 말을 주고받는다면 A에게 들리는 B의 말은 낮은 음조의 느린 말투로 들리고, 또 반대로 B에게 들리는 A의 말은 높은 음조의 빠른 말투로 들릴 것이다. 그뿐이 아니다. A 주위에서 벌어지는 물리적 현상 또한 B에게는 고속으로 보이고 A에게는 그 반대가 된다.

하지만 B 스스로는 아무런 이상한 점을 느끼지 못한다. 자신 주변의 모든 일이 지극히 정상적으로 보이기 때문이다. 따라서 이것은 착시가 아니라 실제 상황이며 B는 A보다 나이를 적게 먹게 된다. 이런 현상은 B가 슈바르츠실트 반지름에 다가갈수록 더 두드러진다. 다시 말해 B는 A의 시계가 자신의 시계보다 점점 더 빨리 가는 것을 보게 되고, 반대로 A는 B의 시계가 점점 더 느려지는 것을 보게 된다. 그리고 B는 점점 더 불안을 느끼게 되는데, 그 이유는 블랙홀에 다가갈수록 점점 더 강한 조석력을 받기 때문이다. 슈바르츠실트 반지름에 다가갈수록 이 효과는 극적으로 커진다.

그러나 실제로는 A는 B 주위에서 일어나는 모든 것을 눈으로 보기는 매우 힘들어진다. 적색 편이가 점차 강해지기 때문이다. 결국 B가 슈바르츠실트 반지름에 다가감에 따라 빛의 세기도 0을 향해 줄어들어 A의 시야에서 B와 우주선은 사라진다. 이제 A가 블랙홀 방향으로 바라보면 볼 수 있는 것은 오직 암흑뿐이다.

결론적으로 A는 B가 슈바르츠실트 반지름에 도달해서 블랙홀 안으로 빠져들어 가는 모습을 결코 볼 수 없다. B가 사건의 지평선에 다가갈수록 B의 위치를 전달하는 빛이 A에게 도달하는 시간이 점차 더 길어져서 B가 블랙홀 속으로 빠져들어 가는 모습을 보려면 A는 무한한 시간을 기다려야 하기 때문이다.

그렇다면 B는 영원히 슈바르츠실트 반지름에 도달하지 못하는 것이 아닌가? 그렇지 않다. A의 기준계에서 B는 절대 슈바르츠실트 반지름에 도달하지 못하지만 B의 기준계에서 B는 슈바르츠실트 반지름에 도달한다. 그것도 아주 짧은 시간 안에 도달한다.[●]

그러면 A가 볼 때 B가 블랙홀 내부로 들어가는 때는 언제인가?

● 태양 질량의 블랙홀의 경우 슈바르츠실트 반지름에서 특이점으로 떨어지는 시간은 수마이크로초 정도밖에 되지 않는다.

시간의 끝을 넘어서는 순간이라고 말할 수 있다. 어떤 관찰자에게 찰나라는 시간이 다른 관찰자에게는 영원이 될 수 있다. 그런 점에서 블랙홀 내부는 시간의 끝을 넘어서는 곳에 존재하는 셈이 된다. B가 사건의 지평선을 넘어 사라지는 데 불과 수마이크로초밖에 걸리지 않지만 그동안 바깥에서는 영겁에 해당하는 시간이 흐른다. 따라서 B가 블랙홀 안으로 들어간 다음에는 바깥 우주가 영원히 지속되더라도 '시간이 끝났다'는 뜻이 된다.

블랙홀 내부는 외부에서는 결코 관찰할 수 없는 시간과 공간의 영역이다. 슈바르츠실트 반지름은 블랙홀 내부의 사건과 블랙홀 외부의 사건을 철저히 분리시킨다. 따라서 A는 아무리 오랫동안 기다려도 블랙홀 내부의 사건을 관찰할 수 없는 반면, 블랙홀 외부에서 일어나는 사건은 충분한 인내심만 있으면 직접 관찰할 수 있다. 이것이 슈바르츠실트 반지름을 '사건의 지평선'이라고 부르는 이유이다.

블랙홀 속으로 떨어지는 사람은 짧은 시간 동안 우주 바깥의 무한한 시간이 흐르는 모습을 볼 수 있는가? 현실적으로는 어렵다. 먼 우주의 빛이 블랙홀까지 도달하는 데 시간이 걸리는 동안 그 자신은 블랙홀 중심으로 맹렬한 속도로 떨어져 내려가기 때문이다. B가 우주의 무한한 역사를 목격하는 유일한 방법은 슈바르츠실트 반지름에서 정지해서 블랙홀 안으로 들어오는 빛을 기다리는 것이지만 슈바르츠실트 반지름에서 정지하는 것은 불가능하다.

시간의 끝을 넘어서면 어떤 일이 일어나는가? 현재 가장 가능성이 큰 것은 블랙홀 중심으로 곧바로 떨어져 들어가서 완전히 사라지는 것이다. 블랙홀의 중심은 시공의 특이점이다. 만약 특이점이 존재한다면 그것은 시간 그 자체의 경계, 시간이 더 이상 존재하지 않게 되는 무한의 가장자리일 것이며 그 이상이란 존재하지 않는다. B는 특이점에 도달하는 순간 더 이상 시공 속에서 지속될 수 없다. 따라서 더 이상 물리적인 실제로 존재할 수 없는 것이다. 그리고 B는 특이점에 도달하기도 전에 이미 산산조각이 나 있을 것이다.

그런데 이와 다르게 생각하는 사람들도 있다. 이를테면 블랙홀 내부가 너무 복잡해서 B가 특이점을 찾지 못하고 살아나올 수 있다거나 아직까지 발견되지 않은 어떤 물리학이 특이점의 형성을 막을 수 있다는 생각이다. 물론 지금은 이런 생각이 완전히 틀렸다고 말할 수는 없다. 아인슈타인의 일반 상대성 이론으로는 특이점의 정체를 완전히 알지 못하기 때문이다. 만에 하나 이런 엉뚱한 발상이 옳다면 B는 시공속에 남아 있을 수 있을지도 모른다. 하지만 그는 우리 우주로 되돌아 올 수는 없을 것이다. 왜냐하면 그가 사건의 지평선을 지나가면서 그의 시간은 이미 끝났기 때문이다.

따라서 유일한 가능성은 B가 우리 우주가 아닌 다른 어떤 우주에 나타나는 것이다. 그 우주는 블랙홀의 내부를 통해 우리 우주와 연결되어 있다. 이 다른 우주는 우리 입장에서 볼 때에는 시간의 끝을 넘어서는 곳에 위치한 우주일 것이다. 그리고 그곳은 현재로서는 '과학을 넘어선 곳'이 된다. 이런 시공의 영역이 실제로 존재하는지 알 수 없고, 만약 존재한다고 해도 블랙홀을 지나 그곳에 도달할 수 있을지도 모르기 때문이다. 또 설령 그곳에 도달할 수 있다고 해도 그곳이 우리 우주와 완전히 다른지 알 수 없고, 또 그것을 과학적으로 밝힐 수 있는지 논하는 것조차 현재로서는 어렵기 때문이다.

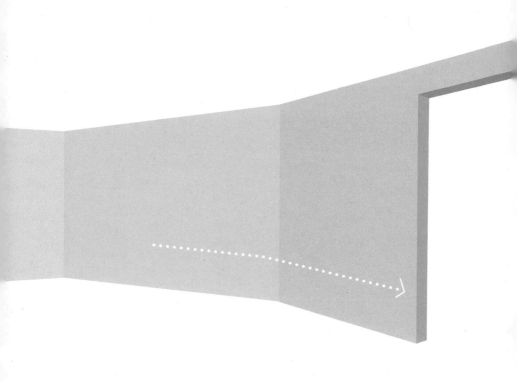

항성 블랙홀은 별의 죽음을 통해 생성되는 블랙홀이다. 항성 블랙홀은 어떻게 형성되는가? 그리고 별은 어떻게 태어나고 어떻게 죽음을 맞는가? 별의 죽음은 질량에 따라 달라진다. 백색 왜성이란 무엇이고 중성자별이란 또 무엇인가? 그리고 초신성 폭발이란 무엇이고 초신성 폭발 후 남은 별의 잔해는 어떻게 되는가? 항성 블랙홀은 초신성 폭발을 일으키는 별의 잔해 속에서 형성된다고 알려져 있다. 항성 블랙홀은 어떻게 찾을 수 있으며 그동안 과학자들은 어떤 항성 블랙홀들을 찾아냈는지 알아보자.

항성 블랙홀

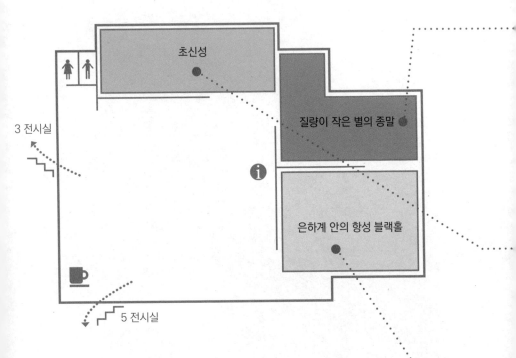

항성 블랙홀은 질량이 큰 별의 내부에서 진행되던 핵융합이 멎은 후 중력 수축하여 한 점으로 붕괴될 때 형성되는 블랙홀입니다. 다시 말해 항성 블랙홀은 별이 진화 과정을 겪으면서 최종적으로 도달하는 상태의 하나인데, 태양 질량의 20배 이상인 별이 초신성 폭발을 일으킨 후 남는 별의 잔해가 중력 붕괴하여 만들어집니다. 항성의 중력 붕괴는 항성이 모든 에너지를 소진한 뒤 일생의 마지막 단계에서 일어나는데, 초신성 폭발을 일으키고 남은 질량이 한계 질량을 넘어서면 별의 붕괴는 멈추지 않고 계속되어 마지막에는 블랙홀을 형성하게 됩니다. 이러한 과정은 감마선 폭발 등과 같은 현상으로도 관측됩니다.

질량이 작은 별의 종말

별 속에서 일어나는 핵융합은 영원히 지속되지 않는다. 핵융합의 원료가 되는 물질이 한정되어 있기 때문이다. 별 속에서 일어나는 핵융합이 멈추게 되면 별은 어떤 종말을 맞게 될까? 별의 수명은 보통 수백만~수천억 년 정도로 매우 길기 때문에 별의 일생을 직접 지켜보면서 연구하는 것은 불가능하다. 이 때문에 천체 물리학자들은 우주 공간에 존재하는 별들을 통계 조사하는 한편 컴퓨터 시뮬레이션을 통해 별의 일생을 연구한다. 이러한 연구에 따르면 별의 일생을 결정하는 가장 중요한 변수는 질량이다. 태양과 비슷한 질량을 갖는 별은 별의 중심에 헬륨이 쌓이면서 별의 외관부가 가열되어 팽창하고 중심핵은 수축하여 백색 왜성이 된다.

초신성

질량이 매우 큰 별은 중심핵에서 수소를 헬륨으로 바꾸고, 다시 헬륨을 탄소로 바꾸는 반응이 순차적으로 일어나서 마침내 중심에 철이 형성되면 핵반응이 멎고 초신성 폭발을 일으킨다. 초신성 폭발이 일어나면 갑자기 별의 밝기가 100만 배 이상 밝아져서 평소에는 보이지도 않던 별이 매우 밝게 빛나는 것을 볼 수 있는데, 이러한 별을 초신성이라고 한다. 특히 태양 질량의 100배 이상 되는 극대거성이 폭발을 일으키면 초신성보다 더 강력하게 폭발하는데, 이러한 별을 극초신성이라고 한다. 초신성은 천문학 역사에서 여러 차례 나타나서 티코 브라헤나 요하네스 케플러와 같은 위대한 천문학자들이 천문학에 관심을 갖게 만든 계기가 되기도 했다.

은하계 안의 항성 블랙홀

우리 은하 안에는 여러 블랙홀 후보들이 발견되어 있다. 이들은 모두 밀집된 물체가 동반성의 강착 원반을 통해 물질을 빨아들이는 X선 쌍성계이다. 이들 한 쌍에서 있음직한 블랙홀은 태양 질량의 3~12배 또는 그 이상으로 있을 수 있다. 현재 우리 은하 안에는 수천 개가 넘는 항성 블랙홀이 있을 것으로 추측된다. 그중에서 가장 유력한 항성 블랙홀 후보는 백조자리 X-1, LMC X-3, A 0620-00, SS 433 등을 꼽을 수 있다.

❝ 나는 항성이 그렇게 터무니없는 방식으로 수축하지 못하게 막는
자연 법칙이 반드시 존재할 것이라고 생각하네! ❞
― 아서 스탠리 에딩턴(영국의 물리학자)

오늘날 블랙홀이 만들어지는 가장 전형적인 과정은 질량이 큰 별의 내부에서 핵융합이 멎은 후 중력 수축하여 한 점으로 붕괴되는 것이다. 이런 과정을 통해서 형성된 블랙홀을 항성 블랙홀 또는 소질량 블랙홀이라 부른다.

항성 블랙홀은 별이 진화 과정을 겪으면서 최종적으로 도달하는 상태의 하나인데, 천체 물리학자들의 연구에 따르면 태양 질량의 20배 이상인 별이 초신성 폭발을 일으킨 후 남는 별의 잔해가 중력 붕괴하여 항성 블랙홀이 만들어지는 것으로 알려져 있다.

항성의 중력 붕괴는 항성이 모든 에너지를 소진한 뒤 일생의 마지막 단계에서 일어나는데, 최종 생성물은 붕괴되고 남은 질량에 따라 다르다. 남은 질량이 어떤 한계 질량 이하이면 붕괴가 멈추고 백색 왜성이 되거나 중성자별이 생성된다. 하지만 한계 질량을 넘어서면 별의

붕괴는 멈추지 않고 계속되어 최종적으로 블랙홀을 형성하고, 이러한 과정은 초신성 폭발이나 감마선 폭발 등과 같은 현상으로 관측되는 것으로 생각된다.

별의 생성
● ● ● ● ●

항성 블랙홀은 어떤 과정으로 생성되고 우리는 그것을 어떻게 찾을 수 있을까? 이를 이해하려면 먼저 별들이 어디서 어떻게 태어나는지부터 알아볼 필요가 있다.

별은 성간 공간interstellar space에서 태어난다. 성간 공간이란 별과 별 사이의 빈 공간을 말하는데, 별들은 대부분 은하에 모여 있으므로 성간 공간은 은하 내의 빈 공간을 가리키는 것이 된다. 성간 공간은 물질이 전혀 없는 진공이 아니라 가스나 먼지 등이 매우 희박하게 흩어져 있는 공간이다. 이렇게 성간에 흩어져 있는 물질을 성간 물질이라고 한다.

성간 공간에는 성간 물질들이 비교적 높은 밀도로 뭉쳐 있는 덩어리들이 군데군데 존재하는데, 이들을 성간운이라고 한다. 성간운들 중에는 밀도가 특히 높아서 물질이 분자 상태로 존재하는 성간운이 있는데 이런 성간운을 분자운molecular cloud이라고 한다. 분자운은 별빛이 내부로 스며들지 못하여 온도가 낮아 물질이 분자 상태로 존재한다. 분자운은 많은 성간 분자를 포함하고 있는 암흑 성운이다. 이런 분자운들 중에서 수십~수백 광년 범위로 퍼져 있는 분자운을 거대 분자운giant molecular cloud[*]이라고 하는데, 별의 생성은 이런 거대 분자운 속에서 시작된다.

거대 분자운이 은하의 나선팔을 따라 공전하면서, 어떤 원인[**]으로 중력 수축gravitational contraction[***]을 시작하면 별의 생성이 시작된다. 분자운이 중력 수축을 시작하고 어느 정도 시간이 지나면 작은 덩어리로 나뉘어서 개별적으로 수축이 진행된다. 이와 같은 과정을 계층 분열이라 한다. 가스 덩어리가 수축되면 중력 위치 에너지가 열로 발산되어 내부 온도와 압력이 높아지게 된다. 이러한 과정이 되풀이되고 가스 덩어리의 질량이 커서 중심부의 온도가 충분히 높아지면 핵융합이 시작된다. 핵융합이 안정적으로 일어나면 가스 덩어리는 열과 빛을 내는 별이 된다. 분자운 속에서 태어난 별은 처음에는 분자운 속에 깊숙이 감추어져 있어서 외부에서 보이지 않는다. 하지만 점차 열과 빛을 방출하여 주위의 분자운을 가열시키고 빛나게 만들어 별로서 모습을 드러낸다.

• 대부분 우주의 빈 공간에는 1cm³당 0.1~1개의 분자가 존재하지만, 거대 분자운은 밀도가 높아서 수백만 개가 존재한다. 거대 분자운의 지름은 수십~수백 광년이며, 태양 질량의 수십~수백만 배에 이르는 물질이 존재한다.

•• 분자운이 다른 분자운과 충돌하거나 분자운이 은하 나선팔의 밀도가 높은 영역을 통과하는 경우를 들 수 있다. 또 근처에서 초신성이 폭발하거나 가까이 다가온 다른 은하의 조석력에 의해 가스들이 응축하여 별들이 대량으로 생성될 수도 있다.

••• 중력 수축은 성간에서 가스와 먼지들이 자체 중력의 작용으로 중심을 향해 서서히 끌려들어 가며 수축하는 현상을 말한다.

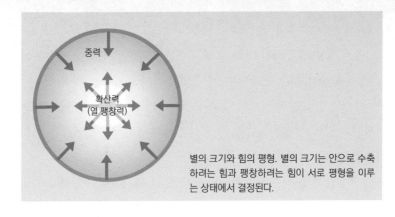

별의 크기와 힘의 평형. 별의 크기는 안으로 수축하려는 힘과 팽창하려는 힘이 서로 평형을 이루는 상태에서 결정된다.

별의 진화

모든 항성은 성간에서 태어나서 죽음을 맞을 때까지 핵융합을 통해 에너지를 생산하는데, 항성의 가스 압력이 중력과 평형을 이루는 지점에서 항성의 물리적 크기가 결정된다. 그러나 핵융합을 할 수 있는 물질을 모두 소비한 진화 최후 단계의 항성은 그 질량이 일정 수준을 넘을 경우 매우 작은 부피만큼 압축된다.

별의 모양은 일반적으로 태양과 같은 둥근 구체이다. 그리고 별들의 주성분은 수소와 헬륨이다. 쉽게 말해서 별은 거대한 공 모양의 가스 덩어리*라 볼 수 있다. 그런데 생각해 보면 조금 이상하다. 왜 이 거대한 가스 덩어리들은 성간으로 뿔뿔이 흩어져 버리거나, 조금 더 작은 크기로 줄어들지 않는 것일까?

결론부터 말하면 별 내부에서 작용하는 힘들이 서로 균형을 이루

• 정확하게 말하면 플라즈마plasma 덩어리이다. 플라즈마는 전자와 양이온이 서로 섞여 있는 상태인데, 전체적으로는 중성 상태이다. 기체를 높은 온도로 가열하면 전자와 원자핵이 분리되어 플라즈마 상태가 된다.

고 있기 때문이다. 다시 말해 별의 거대한 질량은 중력으로 작용하여 별을 수축시키려 한다. 그럼에도 불구하고 별의 크기가 더 작아지지 않는 이유는 별 내부에서 별의 수축을 저지하는 또 다른 힘이 있기 때문이다. 이 힘의 정체는 열이며, 그 근원은 별의 중심에서 일어나는 핵융합 반응이다.

핵융합 반응은 가벼운 원소의 원자핵atomic nucleus들이 합쳐져서 보다 무거운 원자핵을 만드는 핵반응nuclear reaction이다. 핵융합 반응이 일어나면 반응 전의 원자핵들의 총질량과 반응 후에 생성된 원자핵의 총질량이 근소하게 차이가 난다. 다시 말해 반응 후에 질량이 약간 줄어드는데, 이 줄어든 질량이 아인슈타인의 질량 에너지 등가 원리principle of energy-mass equivalence*에 따라 에너지로 변환되어 열과 에너지를 발생시키는 것이다.

결론적으로 별은 중심핵에서 일어나는 핵융합 반응으로 생산된 에너지를 통해서 생긴 확산력이 위에서 내리누르는 별의 중력에 저항하여 별이 중력 붕괴되는 것을 막고 있는 것이다. 다시 말해 별은 수축하려는 중력과 내부에서 핵융합으로 발생하는 확산력이 평형 상태를 이루고 있는 것이다. 만약 이 두 가지 힘 중에서 어느 한쪽이 커지게 되면 별의 반지름이 커지거나 작아지는 선에서 새로운 평형 상태를 이루지만, 만약 이러한 평형점을 끝내 찾지 못한다면 별은 붕괴되거나 폭발하게 된다.

별의 에너지원은 수소이다. 별은 수소를 태워 빛과 열을 방출하는데, 시간이 흐를수록 수소의 양이 줄어들기 때문에 에너지를 무한정

● 상대성 이론에서 질량과 에너지가 등가이고, 어떤 질량의 물질이 갖는 에너지는 그 물질의 질량(m)에 빛의 속도(c)의 제곱을 곱한 값과 같다. 즉 $E = mc^2$이다.

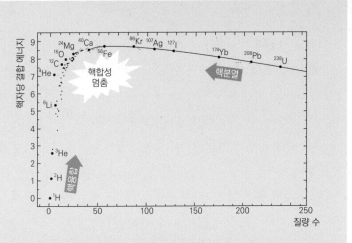

철은 핵반응의 종착점. 핵융합은 가벼운 원자핵이 결합하여 더 무거운 원자핵을 만드는 과정이고, 핵분열은 무거운 원자핵이 가벼운 원자핵으로 나누어지는 과정이다. 철은 핵자들 사이의 결합 에너지가 가장 커서 가장 안정되므로 핵반응의 종착점이 된다.

방출할 수는 없다. 별 내부의 수소가 고갈되기 시작하면 핵융합으로 발생하는 열에너지의 생산량은 떨어지고 별은 냉각되기 시작한다. 별이 식으면 팽창 압력이 약해지고 별의 역학적 평형이 깨지게 된다. 이렇게 되면 별은 내부로 수축하는 중력에 굴복하게 되어 다시 중력 수축이 시작된다. 중력 수축이 시작되면 별 내부의 온도는 다시 올라가는데 그다음 과정은 별의 질량에 따라 다르다.

　별의 질량이 태양 질량보다 훨씬 큰 경우 이러한 중력 수축은 다음 단계의 핵융합 반응을 시작하게 만든다. 예를 들어 별의 중심에 쌓인 헬륨 원자핵들의 중력 수축으로 중심부의 온도가 1억 도를 넘어가면 헬륨의 핵융합으로 탄소를 생성하는 새로운 핵융합 반응이 시작된다. 그리고 마침내 중심핵에 쌓여 있던 헬륨이 모두 소진되고 나면 다시 중력 수축이 시작된다. 중력 수축이 시작되면 별 내부의 온도는 또다시 올라가고, 중심 온도가 6억 도에 이르면 탄소가 핵융합하여 네온이나 마그네슘을 만드는 핵융합 반응이 시작된다.

이와 같은 과정은 여러 단계에 걸쳐 되풀이되면서 별의 중심 온도는 계속 높아지고 중심에는 점점 더 무거운 원소의 핵들이 쌓여 간다. 계속해서 네온 원자핵들은 15억 도에서 규소나 황의 원자핵을 생성하고, 규소 원자핵들은 30억 도에서 철의 원자핵을 생성한다. 하지만 이와 같은 핵융합 과정은 무한정 계속되지는 않는다. 별 속에서 가벼운 원자핵이 서로 융합하여 더 큰 원자핵을 만들어 내는 데는 한계가 있기 때문이다.

별의 중심에 철 원자핵이 쌓이게 되면 더 이상 핵융합은 진행되지 않는다. 철 원자핵은 모든 원자핵들 중에서 가장 단단하게 결합된 원자핵이기 때문이다. 핵융합은 가벼운 원소들이 융합하여 더 무거운 원자핵을 만드는 과정이며 이때 에너지가 외부로 방출된다. 원자핵을 이루는 핵자nucleon(양성자와 중성자)들이 더 강하게 결합하면서 에너지를 외부로 방출하기 때문이다. 이러한 핵융합은 철에서 끝나게 된다. 철의 원자핵이 만일 더 무거운 원자핵을 만들게 되면 이때는 에너지를 방출하지 않고 흡수하게 된다. 이렇게 되면 중심 온도는 올라가지 못하고 뚝 떨어져 중력 수축을 도와주는 셈이 된다.

질량이 작은 별의 종말

별 속에서 일어나는 핵융합이 영원히 지속될 수는 없다. 핵융합의 원료가 되는 물질이 한정되어 있기 때문이다. 별 속에서 일어나는 핵융합이 멈추게 되면 별은 어떤 종말을 맞게 될까?

별의 수명은 보통 수백만~수천억 년 정도로 매우 길어서 별의 일생을 직접 지켜보면서 연구하는 것은 불가능하다. 이 때문에 천체 물리학자들은 우주 공간에 존재하는 별들을 통계 조사하는 한편 컴퓨터 시뮬레이션을 통해 별의 일생을 연구한다. 이러한 연구에 따르면 별의 일생을 결정하는 가장 중요한 변수는 질량이며, 별의 중심에 쌓여 있던 수소가 모두 소진되고 난 이후의 진화 과정은 질량에 따라 달라진다.

태양과 비슷한 질량을 갖는 별의 중심핵이 헬륨으로 가득차게 되면 일찌감치 중력에 굴복해 붕괴하기 시작하여 원자와 원자 사이의 거리가 가까워진다. 이때 전자와 전자 사이의 거리도 가까워지는데, 그 거리가 충분히 가까워지면 전자들 사이에 양자 역학적인 반발력이 작용한다. 이 반발력을 전자 축퇴압electron degeneracy pressure* 이라고 하는데, 파울리의 배타 원리Pauli exclusion principle**로 설명된다. 수축 가스들이 극도로 압축되어 전자 축퇴압이 증가하여 중력을 이기게 되면 수축이 멈춘다. 이러한 상태에서 수축을 멈춘 별을 백색 왜성이라고 한다.

● 　전자 축퇴압은 하나 이상의 전자가 동시에 같은 위치를 가질 수 없다는 파울리의 배타 원리에 의해 발생하는 양자 역학적인 힘이다. 이것은 원자핵 주위를 도는 전자가 전자 궤도를 유지하려는 힘이라고 할 수 있다. 이 힘은 온도와 무관하고 밀도에만 관련이 있다.

●● 　파울리의 배타 원리는 1924년 오스트리아의 물리학자 볼프강 에른스트 파울리Wolfgang Ernst Pauli(1900~1958)가 제창한 양자 역학적 원리이다. 이 원리는 "하나의 양자 상태에 두 개의 동일한 전자가 있을 수 없다"는 것이다.

시리우스와 백색 왜성. 사진 가운데 보이는 밝은 별이 시리우스이고, 왼쪽 아래 어둡고 작은 별이 최초로 발견된 백색 왜성이다. 시리우스의 밝기는 −1.46등급이고, 동반성인 백색 왜성의 밝기는 8.3등급이다.

백색 왜성은 밀도가 매우 높은 별이다. 일반적인 백색 왜성은 태양 질량의 절반 정도이고, 지름은 지구보다 약간 더 큰 정도이다. 백색 왜성은 지구보다 100만 배나 부피가 더 큰 별이 지구 부피 정도로 작아졌으므로 밀도가 100만 배나 높아진 별이다. 백색 왜성의 밀도는 $10^9 kg/m^3$ 정도인데, 이는 각설탕 하나 크기면 무게가 1톤이 나갈 정도이다. 이렇게 고밀도로 응집된 물질을 축퇴 물질Collapsing Material이라고 하는데, 축퇴 물질은 질량이 늘어날수록 오히려 부피가 줄어드는 특성이 있다. 질량이 커질수록 늘어나는 중력으로 인해 오히려 더 강하게 압축되어 부피가 줄어들기 때문이다. 따라서 백색 왜성은 질량이 클수록 반경은 더 작은 특징이 있다.

최초의 백색 왜성은 1862년에 미국의 천문학자이자 망원경 제작자인 앨번 그레이엄 클라크Alvan Graham Clark에 의해 발견되었다. 그는 큰개자리의 밝은 별 시리우스Sirius 옆에서 매우 어두운 동반성을 발견하였는데, 표면 온도가 25,000도에 이르렀지만 밝기는 시리우스의

$\frac{1}{10000}$ 정도로 어두웠다. 하지만 시리우스의 움직임으로 추정한 질량은 태양과 비슷한 것으로 판명되었다. 따라서 이 별은 온도가 매우 높지만 매우 어둡고, 크기는 지구만 하면서 질량은 상대적으로 커서 밀도는 상상할 수 없을 정도로 높다는 것을 의미했다.

대부분의 백색 왜성은 매우 뜨겁다. 백색 왜성은 핵융합이 멎었기 때문에 내부에서 더 이상 열을 생성하지 않지만 표면적이 작아서 매우 천천히 열을 방출하기 때문이다. 백색 왜성은 수백억 년 이상 지나야 빛을 내지 않는 왜성, 즉 흑색 왜성black dwarf이 된다. 하지만 우주의 나이는 137억 년 정도밖에 되지 않았으므로 아직은 어떤 백색 왜성도 흑색 왜성으로 식을 만큼 오래되지 않았다. 현재까지 발견된 가장 온도가 낮은 백색 왜성의 표면 온도는 3,900도 정도이다.

백색 왜성은 전자 축퇴압으로 지탱하는 별이다. 전자 축퇴압이 얼마나 강한 중력을 지탱할 수 있을까? 이 문제에 대한 답을 처음 내놓은 사람은 천체 물리학자 찬드라세카르이다. 그는 별에 관한 물리학 방정식을 풀어서 전자 축퇴압으로 지탱할 수 있는 백색 왜성의 질량에는 상한이 있다는 결과를 얻었다. 다시 말해 중력 붕괴를 일으키고 남은 별의 질량이 태양 질량의 1.4배를 넘으면 백색 왜성이 파괴된다는 것이었다. 이 한계 질량을 찬드라세카르 한계Chandrasekhar limit●라고 부른다. 이 한계는 별의 일생을 구분 짓는 새로운 경계가 되었다.

그런데 찬드라세카르 한계는 태양 질량의 1.4배에 불과하므로 이보다 질량이 큰 별들은 모두 백색 왜성이 될 수 없을 것으로 생각하기 쉽지만, 실제로는 그렇지 않다. 많은 별들은 핵융합의 마지막 단계에서

● 찬드라세카르 한계는 백색 왜성의 최대 한계 질량이며 그 값은 대략 3×10^{30}kg으로 태양 질량의 약 1.44배 정도이다.

대부분의 질량을 우주로 방출하기 때문이다. 이 때문에 태양 질량의 8배 질량을 지닌 항성조차도 백색 왜성이 될 것으로 보인다.

초신성과 중성자별

태양보다 질량이 훨씬 큰 별들은 어떤 종말을 맞이할까? 질량이 큰 별들은 중심핵이 헬륨으로 가득차면 중심핵 바깥의 수소 층으로 핵융합의 불길이 옮겨간다. 이렇게 되면 별의 외곽 층이 부풀어 올라 부피가 커지기 시작한다. 그리하여 외곽 층이 중심핵으로부터 멀어지면서 팽창하여 표면 온도가 내려가서 붉은색을 띠게 되는데 이런 별들을 적색거성이라 부른다. 질량이 매우 큰 별들은 더 크게 부풀어 올라 적색 초거성이나 극대거성으로 진화한다.

적색 초거성이나 극대거성으로 진화한 별들은 내부에서 핵융합이 단계적으로 계속된다. 다시 말해 수소-헬륨-탄소-산소-네온-마그네슘-규소 순으로 핵융합이 진행된다. 그리고 마침내 중심핵에 철이 가득 차게 되면 별은 초신성 또는 극초신성 폭발로 생을 마감한다.

초신성 폭발이 일어나면 갑자기 별의 밝기가 100만 배 이상 밝아져서 평소에는 보이지도 않던 별이 매우 밝게 빛나는 것을 볼 수 있는데, 이러한 별을 초신성supernova이라고 한다. 태양 질량의 100배 이상되는 극대거성이 폭발을 일으키면 초신성보다 더 강력하게 폭발하는데, 이러한 별을 극초신성hypernova이라고 한다.

초신성은 천문학 역사에서 여러 차례 나타나서 티코 브라헤Tycho Brahe(1546~1601)나 요하네스 케플러Johannes Kepler(1571~1630)와 같은 위대한 천문학자들이 천문학에 관심을 갖게 만든 계기가 되었다고 한다. 물리학자 프리츠 츠비키도 초신성에 대한 관심으로 천체 물리학 발전에 크게 공헌한 사람 중 하나이다.

츠비키는 1935년에 천문학자 발터 바데와의 토론을 통해서 무거운 별들의 핵융합이 멎으면 초신성 폭발이 일어나고 남은 핵은 중성자별neutron star*이 된다는 시나리오를 처음 제시하였다. 츠비키는 1932년에 영국의 물리학자 제임스 채드윅James Chadwick(1891~1974)이 새로 발견한 중성자neutron**에서 영감을 얻어서 초신성 폭발의 충격으로 중성자들이 빽빽이 들어찬 고밀도의 중성자별이 만들어질 수 있다는 아이디어를 생각해 냈다. 다시 말해 중성자들로 뭉쳐진 고밀도의 핵이 중력을 상쇄시켜서 별의 형태를 유지할 수 있다는 것이다.

현재 천문학자들은 초신성이 생성되는 과정을 크게 두 가지로 본다. 그중 하나는 질량이 매우 큰 별의 중심핵에서 핵융합 에너지 생성이 중단되어 자체 중력에 의해 중심으로 붕괴하는 경우이고, 또 다른 경우는 백색 왜성이 동반성으로부터 찬드라세카르 한계에 이를 때까지 물질을 흡수한 후 열핵폭발을 일으키는 경우이다.

태양보다 훨씬 무거운 별의 경우 중심이 철 원자핵으로 가득 차게 되면 철은 더 이상의 융합을 하지 않기 때문에 수축을 저지할 만한 가

---

* 중성자별은 질량이 큰 별이 진화의 마지막 단계에서 초신성 폭발을 일으키고 난 후 남는 별의 중심핵의 중력 붕괴로 만들어진다.

** 중성자는 양성자와 함께 원자핵을 구성하고 있는 입자의 한 종류로 전하를 띠지 않는다. 중성자는 1932년에 채드윅이 베릴륨에 α선을 충돌시키는 실험을 통해서 발견했다.

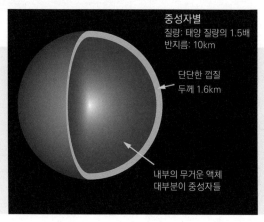

중성자별
질량: 태양 질량의 1.5배
반지름: 10km

단단한 껍질
두께 1.6km

내부의 무거운 액체
대부분이 중성자들

중성자별의 구조. 표면은
일반적인 원자핵과 전자
로 이루어진 이른바 대기
층이 있고, 깊이 들어갈
수록 보다 많은 중성자를
포함하는 원자핵이 있다.

스압을 만들어 낼 수 없다. 전자 축퇴압이 일시적으로 수축을 저지하
지만 전자 축퇴압이 버틸 수 있는 찬드라세카르 한계를 넘어서면 철로
된 중심핵은 붕괴하기 시작한다.

붕괴하는 핵은 고에너지 감마선을 방출하며, 철은 광해리photodissociation
라는 과정을 통해 헬륨 13개와 중성자 4개로 분해된다. 하지만 이 과정
에서 에너지는 발생하지 않고 오히려 에너지를 흡수하여 중력과 함께
순식간에 핵을 붕괴시키기 시작한다.

붕괴하는 핵의 밀도가 기하급수로 증가함에 따라, 전자와 양성자
사이의 전기적 인력이 핵자들 사이의 척력을 이겨 내고 서로 합체하여
중성자가 되면서 중성미자neutrino를 방출한다. 이때 중성미자는 핵으로
부터 빠져나오면서 에너지를 가지고 나와 붕괴를 가속시키는 역할을
한다. 이로 인해, 수밀리초 정도로 짧은 시간 안에 별의 중심핵은 외곽
층으로부터 떨어져 나와서 중심핵의 밀도는 원자핵 밀도에 근접하게

된다. 즉 중성자들이 서로 밀착하여 중심핵의 밀도는 원자핵의 밀도와 맞먹게 된다. 이렇게 되면 가까워진 중성자들 사이에도 양자 역학적 반발력이 작용하는데 이를 중성자 축퇴압neutron degeneracy pressure이라고 한다. 중성자 축퇴압에 의해 붕괴가 멈추게 되면 중성자별이 된다.

중성자별은 극도로 압축된 별로 별의 반지름은 불과 10~20km에 지나지 않는다. 이 크기는 태양의 반지름을 $\frac{1}{35000}$ ~ $\frac{1}{70000}$ 로 압축시켜 놓은 것에 해당한다. 중성자별의 질량은 태양 질량의 1.35~2.1배 정도이다. 따라서 중성자별의 밀도는 원자핵의 밀도와 맞먹는다.

중성자별의 표면은 일반적인 원자핵과 전자로 이루어져 있으나 '대기층'이라 부르는 약 1.5km 두께를 지나면 단단한 '껍질'에 이른다. 내부로 깊이 들어갈수록 더 많은 중성자를 포함하는 원자핵이 존재한다. 보통 상태에서는 중성자가 이렇게 많은 원자핵은 금방 붕괴하지만, 중성자별 내부는 극도로 압력이 높아서 안정된 상태로 존재할 수 있다.

초신성 폭발은 우주의 역사에서 매우 중요한 사건이다. 초신성 폭발은 별 속에서 만들어진 철과 철보다 가벼운 중원소heavy element*들이 우주 공간에 흩어지게 하여 성간 매질을 채우는 역할을 한다. 또 철보다 무거운 원소들은 초신성 폭발 과정 중 중성자 포획을 통해 형성된다. 그리하여 성간에는 갖가지 원소들이 존재하게 된다. 그리고 이런 성간에서 새로운 별이 태어나고 그 주위에 행성들이 만들어지면 행성에는 온갖 종류의 원소들이 포함되는 것이다. 지구에 있는 대부분의 원소들은 이런 과정을 통해 존재하게 되었다. 그중에는 생명의 원소가 되는 탄소와 산소, 인, 황, 칼슘을 비롯하여 인류 문명의 기반이 되는

● 여기서 중원소는 헬륨 이후의 모든 원소를 지칭한다.

철, 반도체의 원료가 되는 규소 등 매우 다양하다.

초신성 폭발은 매우 격렬하다. 그 폭발의 충격은 거의 사방 100광년 범위에까지 영향을 미친다. 초신성 폭발이 일어나면 강력한 감마선이 주변으로 일제히 발산되는데, 감마선의 위력은 엄청나서 초신성 주위 5광년 이내의 생명체는 전멸하고, 25광년 이내의 생명체는 반수가 죽으며, 50광년 이내의 생명체에 파멸적 타격이 가해진다. 극초신성의 경우에는 감마선의 위력은 10배가 되어, 500광년 떨어진 행성의 생물까지도 전멸한다고 한다.

중성자별의 발견

츠비키가 예측한 중성자별이 실제로 발견된 것은 그로부터 30년 후의 일이다. 1967년 영국 케임브리지 대학에서 천문학자 앤터니 휴이시 Antony Hewish(1924~)의 지도를 받던 대학원생 조셀린 벨 버넬은 우연히 하늘에서 매우 규칙적으로 전파 펄스를 방출하는 천체를 찾아냈다.

처음에 이들은 이 전파 펄스가 외계에서 보내오는 인위적인 전파 신호로 착각했을 정도로 매우 규칙적이었다. 하지만 얼마 후 이들은 이 전파는 오래전에 츠비키가 예측했던 중성자별이 방출하는 것이라는 사실을 알게 되었고, 이 천체는 펄사로 불리게 되었다. 펄사는 '맥동하는 별pulsating star'이라는 뜻이다.

펄사는 1~30초에 한 바퀴를 돌 정도로 매우 빠르게 자전하는 중

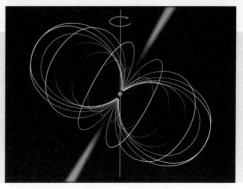

펄사의 개념도. 중앙에 있는 중성자별이 빠르게 회전하면서 양쪽 자기극 방향으로 전파 빔을 방출한다. 이 자기극이 지구를 향할 때마다 지구에서 전파 신호가 포착되어 규칙적인 전파 신호가 수신된다. 곡선은 자기력선을 나타내고 푸른 광선은 전파 빔을 나타낸다.

성자별이다. 이것은 물리학의 기본 법칙의 하나인 각운동량 보존 법칙으로 이해할 수 있는데, 공중 회전을 하는 체조 선수가 팔과 다리를 모으면 회전 속도가 빨라지는 것과 같은 이치다. 다시 말해, 태양보다 훨씬 더 컸던 별이 반경 10~20km 정도로 작아지면서도 원래 가지고 있던 각운동량의 대부분을 유지하고 있어서 회전 속도가 극도로 빨라지게 된 것이다.

중성자별들은 엄청나게 밀도가 높은 천체이기 때문에 자전 주기와 맥동이 매우 규칙적인데 어떤 펄사들은 원자 시계보다도 더 정확할 정도이다. 펄사는 1.5밀리초~8.5초 주기로 광선을 양극 방향으로 빔을 방출하는데 이 빔이 지구를 향할 때만 펄사의 신호가 관측된다.

중성자별은 또 매우 강한 중력장을 갖는데 중성자별 표면에서의 중력은 지구 표면의 1조 배에 이른다. 이 때문에 중성자별 표면에서의 탈출 속도는 매우 커서 150,000km/s나 된다. 이 속도는 빛의 속도의 절반에 이르는 엄청난 것이다.

중성자별 표면 주위의 시공간은 두드러지게 왜곡되어 나타난다. 하늘의 천체들은 휘어져 보이고 이들의 색상은 중력 적색 편이 현상을 나타낸다. 멀리 있는 관측자가 볼 때 중성자별 표면에서의 시간의 흐름은 눈에 띄게 느려지고 표면에서 방출되는 빛은 붉은색으로 치우쳐서 붉게 보인다.

물질이 중성자별로 떨어질 때 발생하는 현상도 블랙홀에 떨어지는 것과 유사하다. 블랙홀에 빨려들 때처럼 물질이 사라지는 것은 아니지만, 물질이 매우 뜨거워지면서 X선과 자외선 그리고 전파를 방출하며 빛나게 된다. 만약 중성자별이 회전하고 있다면 지구의 자기장보다 수십억 배 더 강한 자기장이 형성될 수 있으며, 높은 에너지와 복사 효과를 일으킨다.

블랙홀의 형성
· · · · · · · ·

중성자별의 질량에는 한계가 있다. 중성자별은 태양 질량의 3배 이상을 지탱하지 못한다. 초신성 폭발을 일으킨 후 남은 질량이 태양 질량의 3배 이상이 되는 별에서는 중력 붕괴가 중성자별에서 멈추지 않는다. 별을 안으로 수축하게 만드는 중력은 질량에 비례해서 커지나 별이 지탱하는 압력에는 한계가 있기 때문이다. 이 때문에 중력이 매우 강한 별에서는 힘의 균형이 깨져 수축이 계속되고 마지막에는 한 점으로 집중하게 된다. 이 점은 밀도나 중력의 세기가 모두 무한대인 특이점이다.

중성자별의 최대 질량은 아직 정확하게 알려지지 않았지만 태양 질량의 약 3배 정도로 예측되고 있다. 먼 거리에서 관측되는 항성 블랙홀의 최소 질량은 태양 질량의 3.8배 정도이고, 최대 질량은 태양 질량의 33배 정도로 추정된다. 따라서 현재까지 발견된 항성 블랙홀의 질량은 태양 질량의 3~33배 범위이다.

태양 질량의 30배를 넘는 항성은 중심핵에서 핵융합 에너지의 생성이 중단되면 자체 중력을 이기지 못하고 빠른 속도로 붕괴하며 초신성 폭발을 일으킨다. 그리고 폭발 후 남은 항성의 잔해가 자체 중력을 이기지 못할 경우, 압축이 계속되어 중성자별이 생긴다.

그런데 이때 별의 잔해 질량이 중성자별이 생길 만한 자체 중력을 훨씬 웃도는 경우, 잔해는 계속 압축되어 중력이 무한한 한 점으로 수축되고 이어서 블랙홀이 생겨난다. 블랙홀이 생성되면 근처 시공간은 변형되고 빛은 영원한 적색 편이 현상을 나타내기 때문에 외부에서 관측할 수 없게 된다는 것이다.

하나의 별이 수십억 년 동안 핵융합 반응을 일으키면서 타오르다가 마침내 핵연료가 고갈되고 나면 바깥쪽으로 향하는 압력이 급격하게 줄어들면서 자체 중력에 의해 수축되기 시작한다. 그런데 중력은 거리가 가까울수록 커지기 때문에 별이 수축될수록 중력에 의한 수축 현상이 더욱 강하게 일어나, 결국에는 더 이상 압축될 수 없는 블랙홀이 만들어지는 것이다.

그러면 이제부터는 항성 블랙홀은 어떻게 찾을 수 있는지 알아보도록 하자. 항성 블랙홀이 단독으로 존재한다면 관측하기 어렵다. 하지만 많은 별들이 다른 별들과 함께 연성계를 이루는 경우가 많으므로 이를 이용하면 관측 가능할 것으로 생각된다. 항성 블랙홀이 다른 별과 연성계를 이루고, 동반성의 물질을 끌어들여 강착 원반을 이루어 X선을 방출하는 경우에 찾을 수 있을 것으로 기대된다.

블랙홀과 중성자별에서 방출되는 에너지의 등급은 같다. 그래서 블랙홀과 중성자별은 종종 구분하기가 어렵다. 하지만 중성자별은 또 다른 성질을 갖고 있는데, 자기장을 가질 수 있고 국소적인 폭발을 일으킬 수 있다. 이와 같은 성질들이 관측되는 밀집성은 중성자별이다. 확인된 중성자별의 질량은 태양 질량의 3~5배이고, 그 이상의 질량을 갖는 경우는 발견되지 않았다. 이러한 사실은 태양 질량의 5배 이상 되는 질량을 갖는 밀집성은 블랙홀이라는 것을 암시한다. 보다 직접적인 증거는 블랙홀의 안쪽으로 빨려드는 입자의 궤도를 실제로 관측하는 것이지만 이것은 확률적으로 매우 어려운 일이다.

은하계 안의 항성 블랙홀

우리 은하계 안에는 얼마나 많은 블랙홀이 있을까? 과학자들은 우리 은하 안에서 유력한 여러 블랙홀 후보들을 발견하였는데, 이들은 모두 밀집된 물체가 동반성의 강착 원반을 통해 물질을 빨아들이는 X선 쌍성계들이다. 이들 쌍성계에 있음직한 블랙홀의 질량은 태양 질량의 3~12배 또는 그 이상으로 예측된다. 이들 중 가장 유력한 항성 블랙

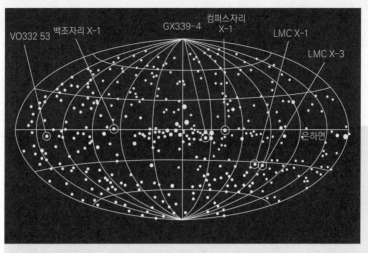

전 하늘의 블랙홀 후보. 1970년에 발사된 NASA의 X선 천문 위성 우후루는 전 하늘에서 유력한 블랙홀 후보들을 여러 개 찾아냈다. 백조자리 X-1, 전갈자리 V861, GX 339-4, SS433, 콤파스자리 X-2 등이 그것이다.

홀 후보는 백조자리 X-1, LMC X-3, A 0620-00, SS 433 등을 꼽을 수 있다. 이들 외에도 우리 은하 안에는 수천 개가 넘는 항성 블랙홀이 있을 것으로 추측되고 있다.

천문학자들은 백조자리 X-1을 우리 은하계 내에서 가장 유력한 항성 블랙홀 후보로 보고 있다. 백조자리 X-1은 블랙홀로 추정된 최초의 X선 천체로 1964년에 처음 발견되었다. 블랙홀 후보가 이렇게 일찍 발견될 수 있었던 것은 지구에서 관측되는 가장 강력한 X선 원의 하나였기 때문이다. X선은 지구의 대기를 통과하지 못하기 때문에 X선 관측을 하려면 관측 기구들을 높은 고도로 가져가는 수밖에 없었는데, 백조자리 X-1은 고공 기상 관측 로켓에 실려 있던 X선 관측 기

백조자리 X-1 쌍성계의 상상
도. 동반성 HDE 226868의
물질이 블랙홀로 빨려 들어가
고 있다. 사진은 청색초거성에
서 백조자리 X-1로 물질이 빨
려 들어 가고 있는 모습을 그
린 상상도이다.

구들에 의해 발견되었다.

NASA는 1970년에 보다 효과적인 X선 천체 연구를 하기 위하여
우후루Uhuru 위성을 발사했는데, 백조자리 X-1에 대한 우후루 위성의
연구는 X선의 세기가 몇 초 간격으로 변동함을 보여 주었다. 이러한
빠른 변동은 에너지의 생성이 105km 이하의 좁은 공간에서 일어난다
는 것을 의미했다.

현재까지 밝혀진 관측 결과에 따르면, 백조자리 X-1은 청색 초거
성(HDE 226868)과 함께 쌍성계를 이루고 있으며 5.6일 주기로 서로 돌
고 있는데, 두 천체 간의 거리는 무척 가까워서 지구와 태양 간 거리의
$\frac{1}{5}$ 밖에 되지 않는다. 백조자리 X-1의 질량은 태양의 약 8.7배이고 어
떤 천체보다 밀도가 높은 것으로 밝혀졌다. 백조자리 X-1의 강착 원
반은 청색 동반성이 뿜어내는 항성풍에서 만들어지는데, 원반의 물질
들은 수백만K로 가열되어 강한 X선을 방출하고 있다.

백조자리 X-1과 그 청색 동반성은 지구에서 약 6,000광년 거리
에 있는 무거운 별들로 이루어진 백조자리 OB3 성협stellar association
과 같은 고유 운동을 하고 있다는 사실이 밝혀졌다. 따라서 백조자

● 성협은 성단보다 매우 느슨하게 묶여 있는 별들의 모임이다. 이들은 같은 곳에서 태어났으나 서
로 중력적으로 속박되지 않은 상태에서 비슷한 방향으로 이동한다.

리 X-1은 이 성협과 같은 시기에 태어났으며 나이는 약 350~650만 년 정도로 추측된다. 청색 동반성의 질량은 태양의 30배 정도이고 약 500~900만 년 전에 성협으로 떨어져 나온 것으로 계산되는데, 이는 성협의 나이와 잘 맞아떨어진다.

백조자리 X-1은 1974년 스티븐 호킹과 휠러의 제자였던 킵 손Kip Thorne(1940~) 사이에 벌어졌던 내기의 대상이기도 했다. 호킹은 백조자리 X-1이 블랙홀이 아니라는 데에 걸었다. 그는 그 이유를 저서《시간의 역사A Brief History of Time》(1988)에서 이렇게 설명하고 있다. "이것은 일종의 보험이다. 나는 블랙홀에 대해서 오랫동안 연구해 왔는데, 만약 블랙홀이 없다고 밝혀진다면 나는 시간을 낭비한 것이 될 것이다.● 그렇지만 나는 내기에서 이길 것이다."

관측한 자료가 특이점의 존재를 입증하자 1990년 호킹은 내기에 졌음을 인정했다.《시간의 역사》출간 10년 기념판(1998)에서도 호킹은 내기에서 진 것을 인정한 바 있다.

● 백조자리 X-1이 블랙홀이라고 확인되면 자신의 연구가 보답을 받는 것이고, 아니라면 내기에서 이기는 것이기 때문에, 어느 쪽으로 결론이 나더라도 호킹 자신에게 유리하다는 점에서 보험에 든 것과 같다고 말한 것이다.

우주에는 질량이 매우 큰 거대 블랙홀도 존재한다. 초대질량 블랙홀은 은하의 중심에 존재하는 거대한 블랙홀이다. 이 블랙홀은 항성 블랙홀과는 비교가 되지 않을 정도로 크다. 질량은 작은 은하에 비견될 정도로 크고, 슈바르츠실트 반지름은 태양계보다도 훨씬 더 크다. 과학자들은 우주에 초대질량 블랙홀이 존재한다는 것을 어떻게 알아냈는가? 그리고 초대질량 블랙홀은 어떻게 생겨났으며 은하 내에서 어떤 역할을 하고 있는가?

초대질량 블랙홀

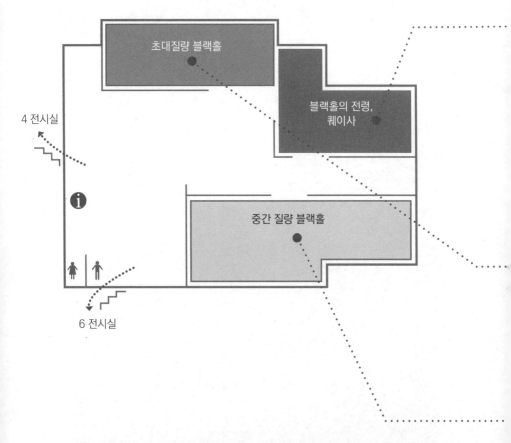

초대질량 블랙홀은 항성 블랙홀보다 훨씬 더 무거운 블랙홀입니다. 태양 질량의 100만~100억 배에 이르는 초대질량 블랙홀은 은하의 중심에 머무르며 주위의 가스나 항성들을 빨아들이다 활동이 멈추면 조용히 지냅니다. 초대질량 블랙홀은 퀘이사의 발견으로 그 존재가 드러나기 시작했습니다. 퀘이사는 초대질량 블랙홀이 아주 먼 곳에서 존재함을 알려주었고, 이는 곧 우주의 과거 모습까지 예측할 수 있게 합니다.

블랙홀의 전령, 퀘이사

우주에 거대 질량 블랙홀이 존재한다는 결정적인 증거는 퀘이사의 발견으로 얻어졌다. 퀘이사는 아주 멀리 있어서 소형 망원경으로는 관측이 어렵지만 당시까지 발견된 천체들 중에서 가장 밝고 가장 강력하며, 가장 활동적인 천체였다. 퀘이사가 매우 멀리 있는 천체라는 사실이 밝혀지기 전까지 이 천체는 우리 은하 안에 있는 비교적 평범한 별로 여겨졌다. 다만 한 가지 특이한 점은 보통의 별들과 달리 전파를 강하게 방출한다는 사실이었다. 일반적으로 별들은 태양처럼 중심부에서 일어나는 핵융합을 통해서 빛나므로 파장이 짧은 가시광선 영역에서는 매우 밝게 빛나지만 전파 영역에서는 매우 희미하다.

초대질량 블랙홀

초대질량 블랙홀은 항성 블랙홀보다도 훨씬 무거운 블랙홀로, 거의 모든 은하의 중심에 존재하는 것으로 알려져 있다. 초대질량 블랙홀의 질량은 보통 태양 질량의 100만~100억 배에 이른다. 또 드물게는 이보다 더 큰 것들도 발견된다. 이들은 수천억 개의 별을 거느린 은하의 중심에 터를 잡고 조용히 머무르고 있지만, 때로는 활발하게 활동하기도 한다. 다시 말해 이들은 주위에 가스나 항성과 같은 물질이 풍부하면 이들을 빨아들이며 강한 빛과 강력한 제트를 주위로 분출하며 그 존재를 분명하게 드러내지만, 주위에 있던 물질들을 모두 빨아들이고 나면 활동을 멈추고 조용히 숨어 지낸다.

중간 질량 블랙홀

항성 블랙홀과 초대질량 블랙홀 사이의 질량 차이는 매우 크다. 이 때문에 그 중간 정도의 질량을 갖는 중간 질량 블랙홀이 있을 가능성이 있다. 초대질량 블랙홀은 중간 질량 블랙홀 단계를 거쳐서 성장했거나 중간 질량 블랙홀의 병합으로 성장했을 가능성도 배제할 수 없기 때문이다. 그리고 초기 블랙홀의 가장 유력한 후보로 관심이 집중된 항성 블랙홀과 은하 중심에 있는 초대질량 블랙홀이 워낙 두드러져 보이기 때문에 상대적으로 관심을 받지 못하고 관측이 쉽지 않아 드러나지 않았을 가능성이 크다.

" 우리는 지금까지 초기 은하에 블랙홀이 존재하는지, 그들이 어떤 일을 하는지 전혀 알 수 없었다. 이제 우리는 그것이 존재하고, 또 갱단 단속 경찰처럼 급성장해 왔다는 사실을 알게 되었다. "

– 에제키엘 트라이스타(하와이대 연구팀장, 2011년 찬드라–X 관측으로 200개로 이뤄진 초기 우주의 거대 블랙홀 집단을 발견한 후 〈네이처〉와 의 인터뷰에서)

우리는 지난 장에서 별의 죽음으로 생성되는 항성 블랙홀에 대해서 알아보았다. 그런데 우주에는 이런 항성 블랙홀보다도 훨씬 더 무거운 블랙홀도 존재한다. 그것은 바로 거의 모든 은하의 중심에 존재하는 것으로 알려진 초대질량 블랙홀이다.

보통 항성 블랙홀의 질량은 태양 질량의 3~33배 정도에 불과하지만, 초대질량 블랙홀은 보통 태양 질량의 100만~100억 배에 이른다. 또 드물게는 이보다 더 큰 것들도 발견된다. 이들은 수천억 개의 별을 거느린 은하의 중심에 터를 잡고 조용히 머무르고 있지만, 때로는 활발하게 활동하기도 한다. 다시 말해 이들은 주위에 가스나 항성과 같은 물질이 풍부하면 이들을 빨아들이며 강한 빛과 강력한 제트를 주위로 분출하며 그 존재를 분명하게 드러내지만, 주위에 있던 물질들을 모두 빨아들이고 나면 활동을 멈추고 조용히 숨어 지낸다.

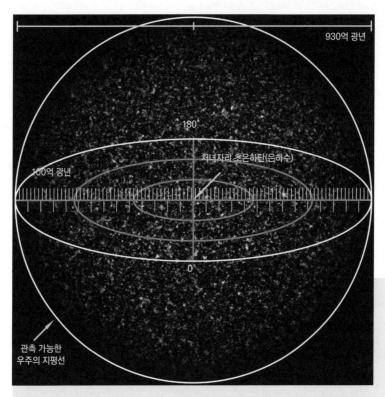

관측 가능한 우주observable universe. 우리 우주는 빅뱅 이후 약 137억 년이 지났으므로 현재 지구에 도달하는 가장 오래된 빛은 137억 년 전의 빛이 된다. 그리고 우주의 팽창 효과를 고려하면 빛으로 관측 가능한 우주의 반지름은 466억 광년이 된다. 그 경계가 되는 구면을 우주의 지평선horizon of universe이라 부른다.

활동 은하핵을 가진 은하, 활동 은하

우주에는 1000억 개가 넘는 은하들이 있고, 하나의 은하에는 보통 수십억 내지 수천억 개의 별들이 모여 있다. 은하는 한마디로 별들의 도시라고 할 수 있는데, 우리 은하가 우주의 수많은 은하 중 하나이고 우리 은하계 밖에 또 다른 은하들이 존재한다는 사실을 알게 된 것은 1920년대 중반의 일이다. 그 이후 수십 년 동안 과학자들은 은하를 매우 안정된 상태에 있는 별들의 집단으로 생각해 왔다.

은하에 대한 과학자들의 이런 생각에 근본적인 변화를 가져오게 된 것은 2차 세계 대전이 끝난 후 전파 망원경radio telescope을 이용한 관측이 활기를 띠면서부터이다. 전파 망원경은 우주에 강한 전파를 방출하는 은하들이 많이 있다는 사실을 알려주었다. 예를 들어 강한 전파를 방출하는 전파원 처녀자리 AVirgo A와 센타우루스 ACentaurus A를 일반 광학 망원경으로 보면 타원 은하elliptical galaxy들이다.● 이런 은하들을 전파 은하radio galaxy●●라 부르는데, 전파 은하들은 거대한 전파 구름을 갖고 강력한 전파 제트radio jet를 방출하거나 중심핵 근처에서 거대한 폭발이 일어나며 강한 X선이나 감마선과 같은 고에너지 전자기파를 방출하고 있었다.

또 나선 은하들 중에는 매우 밝은 핵을 가진 은하들이 있는데 그 빛을 분광 분석해 보면 강하고 넓은 스펙트럼선이 나타났다. 이것은 이 은하들의 은하핵에서 매우 격렬한 활동이 일어나고 있음을 말해 주는

● 처녀자리 A와 센타우루스 A는 각각 거대 타원 은하 M87과 NGC 5128이다.
●● 전파 은하는 강한 전파를 방출하는 은하를 말한다. 이것은 전파 망원경으로 관측할 수 있는데 대부분 활동적인 은하핵을 가지고 있으며 타원 은하나 퀘이사들이 이에 속한다.

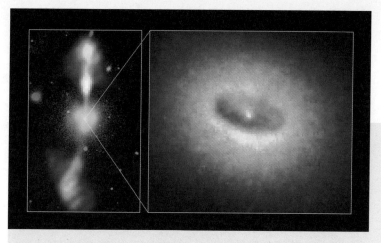

활동 은하의 중심핵. 강한 전파 제트를 분출하는 활동 은하 NGC 4261의 중심핵(왼쪽 사진) 중앙에 허블 우주 망원경의 초점을 맞추고 관측한 결과 가스와 먼지 원반(오른쪽 사진)이 나타났다.

것이다. 이러한 나선 은하들은 세이퍼트 은하seyfert galaxy라 불린다.

전파 은하나 세이퍼트 은하들은 모두 폭발적으로 에너지를 방출하는 매우 활동적인 은하핵을 가지고 있다는 것이 밝혀졌다. 활동 은하핵active galactic nucleus을 가진 은하들을 활동 은하active galaxy라고 부르는데 이 은하들은 일반 은하들이 일생 동안 방출하는 에너지를 단기간에 폭발적으로 방출할 뿐 아니라 강렬한 에너지 제트를 수반하는 경우도 많다.

활동 은하의 중심에서는 원자 입자들이 광속에 가까운 속도로 제트처럼 방출되고, 전파 구름이 빛의 속도보다 빠르게 운동하는 것처럼 보이기도 한다. 강렬한 에너지 제트는 은하 중심으로부터 불과 3~30

광년 떨어진 전파원에서 방출된다. 이러한 과정은 은하 중심에 매우 강한 에너지원이 존재해야만 가능한 일이다. 그래야만 부착 원반에서 원자 입자들을 광속에 가까운 속도로 날려 보내고, 강렬한 싱크로트론 복사$_{synchrotron\ radiation}$와 자외선, X선 등을 방출할 수 있다.

이런 능력을 가진 유일한 후보는 블랙홀이다. 이 때문에 활동 은하핵은 강착 원반을 가진 매우 무거운 블랙홀로 생각할 수밖에 없다. 은하의 중심에는 많은 별들이 집중되어 있으므로, 그들 중에는 매우 무거운 별도 있어서 수명을 다하고 블랙홀로 붕괴되는 것도 있을 것이다. 그리고 일단 블랙홀이 하나 만들어지면, 근처의 물질들이 블랙홀 주위를 돌면서 부착 원반을 이루어 뜨겁게 가열되어 블랙홀로 빨려 들어가기 전에 X선과 자외선을 방출하고 있을 가능성은 충분할 것으로 생각된다.

블랙홀의 전령, 퀘이사

우주에 거대 질량 블랙홀이 존재한다는 결정적인 증거는 퀘이사의 발견으로 얻어졌다. 퀘이사는 아주 멀리 있어서 소형 망원경으로는 관측이 어렵지만 당시까지 발견된 천체들 중에서 가장 밝고 가장 강력하며, 가장 활동적인 천체였다.

퀘이사가 매우 멀리 있는 천체라는 사실이 밝혀지기 전까지 이 천체는 우리 은하 안에 있는 비교적 평범한 별로 여겨졌다. 다만 한 가지 특이한 점은 보통의 별들과 달리 전파를 강하게 방출한다는 사실이었다. 일반적으로 별들은 태양처럼 중심부에서 일어나는 핵융합을 통해서 빛나므로 파장이 짧은 가시광선 영역에서는 매우 밝게 빛나지만 전파 영역에서는 매우 희미하다. 하지만 이 천체는 전파 영역에서 많은 에너지를 방출하고 있어서 전파별로 분류되고 있었다. 그럼에도 불구하고 가시광선 영역에서 보면 일반적인 별들처럼 작은 점광원으로 보여서 '준성'(準星, Quasi-stellar, 항성에 준하는 별) 또는 퀘이사(quasar, Quasi-stellar radio source object, QSO, 준성 전파원)라 불렸다.

퀘이사의 정체를 밝히는 데 결정적인 실마리를 찾은 사람은 네덜란드의 천문학자 마르텐 슈미트Maarten Schmidt(1929~)이다. 당시 미국 캘리포니아 공대에 있던 그는 1963년에 전파별로 분류되던 3C273$^{\bullet}$의 스펙트럼을 분석하여 스펙트럼 선들이 크게 적색 편이되어 있는 것을 발견했다. 이것은 이 천체가 우주 팽창으로 인해 우리로부터 멀어지고 있음을 의미한다. 계산 결과 이 천체의 후퇴 속도는 초속 5만km이고 이 천체까지의 거리는 20억 광년으로 밝혀졌다.

천문학자들은 전혀 예상 밖의 결과에 깜짝 놀라지 않을 수 없었다. 우리 은하계 안, 다시 말해 기껏해야 수천~수만 광년 정도 거리에 있다고 생각하던 천체가 그보다 10만 배 이상 더 먼 거리에 있는 천체라는 사실이 밝혀졌기 때문이었다. 이것은 이 천체가 엄청나게 밝은 천체, 다시 말해 별이 아니라 은하보다 더 밝은 천체라는 사실을 의미했다.$^{\bullet\bullet}$

● 3C273은 영국 케임브리지 대학의 캐번디시 천문 그룹Cavendish Astrophysics Group의 천문학자 마틴 라일Martin Ryle 등이 편찬한 '전파별에 대한 3번째 케임브리지 카탈로그Third Cambridge Catalogue of Radio Souces'에 등재되어 있는 273번째 전파원이라는 의미이다.

●● 허블의 법칙에 따라 매우 큰 적색 편이 값은 퀘이사가 매우 멀리 떨어져 있는 것을 뜻하고 우주 역사의 매우 초기에 존재한 천체라는 것을 의미한다.

이뿐이 아니었다. 또 한 가지 놀라운 사실은 퀘이사 발광원의 크기가 은하보다 엄청나게 작다는 것이었다. 퀘이사 중 일부는 가시광선 영역과 X선 영역에서 급속한 광도 변화를 나타내는데, 그 변화는 매우 빠르게 진행된다. 과학자들은 이러한 사실로부터 퀘이사 크기의 상한선을 알아낼 수 있었는데 이로부터 추정된 퀘이사의 크기는 태양계보다 그리 크지 않다는 것이었다. 이것은 퀘이사의 에너지 밀도가 매우 높다는 것을 시사한다. 다시 말해 퀘이사의 에너지원은 보통의 은하와 다르다는 것을 의미한다.

퀘이사는 우주 공간으로 강렬한 제트를 분출하기도 하는데, 놀라운 것은 제트의 길이다. 사진은 백조자리 A라 불리는 퀘이사로부터 뿜어져 나온 제트가 은하 간 공간에 거대한 전파 구름을 만든 모습이다. 사진 가운데 보이는 밝은 점이 퀘이사이고, 여기서 양방향으로 뿜어져 나온 강력한 제트가 은하 간 공간에 커다란 두 개의 전파 구름을 만들고 있다. 이 제트의 길이는 50만 광년에 이르는데, 우리 은하계 지름의 5배나 될 정도로 엄청나게 긴 길이이다.

퀘이사는 우리 은하가 발산하는 에너지의 1000여 배에 달하는 에너지를 내뿜을 수 있다. 가장 밝은 퀘이사의 밝기는 일반적인 은하의 밝기를 초월하며, X선부터 원적외선에 이르기까지 거의 모든 영역의 전자기파를 방출한다. 주로 자외선에서부터 가시광선 영역의 빛을 강하게 방출하지만 전파나 감마선을 강하게 방출하는 것도 있다. 이러한 사실은 퀘이사가 무척 활동적이고 매우 멀리 있는 활동 은하핵이라는 것을 말해 준다.

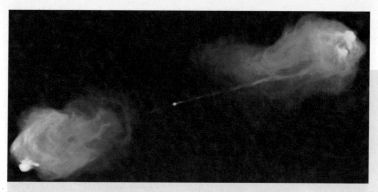

퀘이사 백조자리 A. 강력한 전파원 백조자리 A에서 나온 강한 전파 제트가 우주 공간에 거대한 두 개의 전파 구름을 만들고 있는 장면이다. 이 전파원에서 나오는 에너지는 안드로메다 은하의 1000만 배에 달하는데, 그 중심에 거대한 블랙홀이 있을 것으로 추측된다.

 천문학자들은 퀘이사가 은하 속에 있을 것으로 추정했다. 엄청난 에너지를 방출하는 거대 블랙홀이 활동을 하려면 많은 양의 물질을 끌어들여야 하는데, 이런 조건이 가장 잘 들어맞는 곳은 은하 중심뿐이기 때문이다.

 하지만 그 증거를 찾는 일은 쉽지 않았다. 퀘이사는 밝았지만 매우 멀리 있어서 그 주변을 관측하기에는 너무 어두웠기 때문이었다. 결정적인 증거는 허블 우주 망원경이 지구 궤도에서 관측을 시작하면서 밝혀졌다. 허블 우주 망원경은 지구 대기권 밖에서 대기의 방해를 받지 않고 관측을 하므로 지상에 설치된 망원경보다 훨씬 선명한 영상을 얻을 수 있었기 때문이다. 사진은 허블 우주 망원경으로 관측한 퀘이사의 모습이다. 이 사진에는 퀘이사에 에너지를 공급하는 모은하host galaxy 모습이 분명하게 보인다.

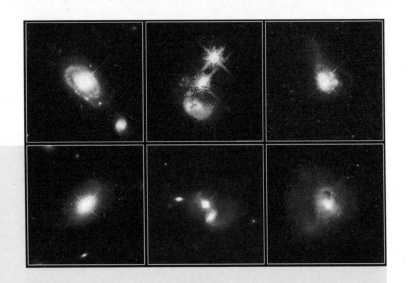

퀘이사와 모은하. 허블 우주 망원경 관측으로 퀘이사 주변에서 은하 구조들이 발견되어 퀘이사가 은하 속에서 활동하고 있음이 밝혀졌다.

　　보통 퀘이사는 너무 밝고 모은하는 너무 어두워서 퀘이사를 직접 촬영하면 모은하의 모습은 보이지 않는다. 이 때문에 과학자들은 코로나 그래프라는 장치를 이용하여 중심부에 있는 밝은 퀘이사의 빛을 가리고 주변에 있는 어두운 은하의 이미지를 얻는 방법을 사용한다.

　　퀘이사는 매우 밝기 때문에 초기 우주나 먼 우주의 연구에 매우 중요한 천체로 주목받고 있다. 최근에는 100억 광년 이상 떨어진 우주 탄생 초기 무렵의 퀘이사도 발견되고 있는데, 이들은 은하가 막 생성될 당시 초기 우주의 모습을 보여 준다.

　　퀘이사의 정체는 1980년대 초반까지 논란에 싸여 있었으나, 은하 중심의 초대질량 블랙홀을 둘러싼 거대한 은하의 조밀한 중심 지역으로 밝혀졌다. 가스나 물질이 블랙홀로 빨려 들어가면서 방출되는 에너지는 질량−에너지 변환 공식($E=mc^2$)에 따라 물질이 완전히 에너지로 변환되는 효율을 가진다. 물질이 블랙홀에 빨려 들어갈 때 싱크로트론 복사를 방출하는데, 이는 별 내부에서 일어나는 핵융합 에너지의 1000배에 이른다.

퀘이사의 발견으로 은하의 중심에 거대 질량 블랙홀이 존재한다는 것이 분명해졌다. 그리고 퀘이사들이 수십억 광년 이상 먼 거리에 있다는 사실은 이 천체가 과거에 존재하던 천체라는 것을 의미한다.

은하 중심에 있는 초대질량 블랙홀

퀘이사의 발견은 천문학자들에게 블랙홀과 은하에 대한 새로운 시각을 열어줬다. 전파 은하나 퀘이사와 같은 활동 은하의 중심에 블랙홀이 존재한다면, 모든 은하의 중심에 블랙홀이 존재할 가능성이 크다. 왜냐하면 활동 은하들은 언젠가 활동을 멈추고 안정된 은하가 될 것이기 때문이다. 따라서 현재 안정된 상태에 있는 은하들도 예전에는 활동 은하였을 가능성이 충분히 있는 것이다. 활동 은하들은 먼 거리에서 더 많이 발견되고, 퀘이사는 매우 먼 거리에서 발견되는 활동 은하의 한 유형이다. 따라서 전파 은하나 세이퍼트 은하와 같은 활동 은하들은 퀘이사로부터 진화해 온 은하일 가능성이 크다.

어둡지 않은 블랙홀. 강착 원반을 가진 초대질량 블랙홀 주위는 어둡지 않다. 사진은 어두운 활동 은하인 NGC 4388의 모식도이다. 중심에 있는 블랙홀이 도넛 모양으로 생긴 두꺼운 분자 가스와 먼지에 가려져 있다.

　　이러한 추론이 옳다면 비활동적인 은하의 중심에도 그 흔적이 남아 있을지도 모른다. 실제로 천문학자들이 가까운 거리에 있는 큰 은하들을 자세히 조사해 온 결과 퀘이사와 비슷한 은하핵들이 많이 발견되었다. 심지어 매우 조용해 보이는 우리 은하계와 안드로메다 은하에도 규모는 작지만 활동 은하핵이 있다는 증거가 발견되었다. 그렇다면 이런 은하 중심에는 주변 물질을 빨아들이며 활동을 하지 않고 잠들어 있는 거대 질량 블랙홀이 있을 가능성이 있다. 하지만 어떻게 그 증거를 찾을 수 있을까?

　　이런 블랙홀도 주위에 인력을 미치며 그 존재를 드러낼 수 있다. 예를 들어 은하의 중심 부분이 특히 밝게 빛나고 있다면 별들이 중심에 있는 블랙홀의 강한 중력에 이끌려서 가까이 밀집되어 있기 때문일 가능성이 있고, 중심핵 근처에 있는 항성들이나 기체 구름들이 비정상적으로 빠르게 움직이고 있다면 중심에 매우 큰 질량을 가진 거대 질량 블랙홀이 있다는 것을 시사한다.

　　천문학자들은 우리 은하계를 비롯한 가까운 수십 개의 은하들을 조사하여 은하 중심에 거대 블랙홀이 존재한다는 사실을 알아냈다. 이들은 은하의 중심 부분을 자세히 들여다 볼 수 있는 은하들을 선별한 다음 별들이나 가스들의 운동 궤도를 조사하였다. 먼저 이들이 은하 중심 주위를 얼마나 빠른 속도로 돌고 있는지를 측정하여 중심 질량을 추산하고, 이들의 궤도 반지름을 측정하여 블랙홀인지 아닌지 조사하였다. 그 결과 이들 은하 중심에 태양 질량의 100만~10억 배 정도의 블랙홀이 있다는 것이 밝혀졌다.

오늘날 우리 주위에서 볼 수 있는 대부분의 은하들은 그 중심에 초대질량 블랙홀을 가지고 있는 것으로 생각되고 있다. 이 블랙홀은 퀘이사처럼 막대한 빛과 에너지를 내뿜는 블랙홀이 아니라 마치 잠자는 사자처럼 어둠 속에서 자신의 존재를 숨기고 있다. 하지만 주위에 가스가 공급되면 순식간에 모습을 바꿔 먹이를 향해 포효하며 달려드는 사자처럼 가스들을 삼키며 엄청난 빛을 내뿜는 퀘이사로 변모할 것이다. 그리고 가스들을 모두 삼키고 나면 언제 그랬느냐는 듯이 다시 조용한 블랙홀로 돌아갈 것이다.

초대형 블랙홀에 대한 보다 강력한 증거는 전파 천문학자들의 연구 결과로부터 얻어졌다. 이들은 대륙에 퍼져 있는 전파 망원경들을 서로 연결하여 이미지를 얻는 기술을 이용하여 NGC 4258 은하의 중심을 관측해 기체 원반을 발견했다. 이 원반은 그 중심에 태양 질량의 3600만 배의 블랙홀이 있다는 것을 입증했다. 우리 은하의 가까운 이웃 은하인 안드로메다 은하의 중심에는 태양 질량의 3000만 배쯤 되는 블랙홀이 있고, 처녀자리 은하단의 중심 은하인 M87 타원 은하의

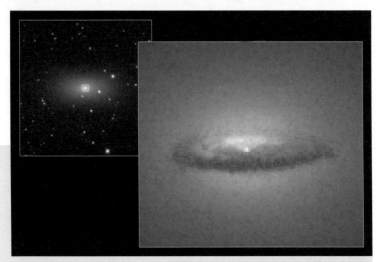

은하 중심에 있는 강착 원반. 허블 우주 망원경으로 NGC 7052 은하의 중심부를 확대 관측하였다. 중심의 거대 블랙홀 근처에 매우 밝게 빛나는 부분에 강착 원반이 있고, 그 바깥으로 차가운 가스들이 원반을 이루고 있다. 왼쪽 사진은 지상 망원경으로 관측한 이 은하의 전체적인 모습이다.

중심에는 태양 질량의 30억 배 정도의 블랙홀이 있는 것으로 계산되었다. 그중에서 가장 큰 것은 지구로부터 3억 2000만 광년 거리에 있는 NGC 3842 은하의 블랙홀로 태양 질량의 무려 100억 배나 된다는 사실이 밝혀졌다.

　위 사진은 타원 은하 NGC 7052 은하의 중심에 있는 강착 원반을 보여 준다. 왼쪽 사진은 지상 망원경으로 관측한 이 은하의 전체적인 모습이고, 오른쪽 사진은 허블 우주 망원경으로 그 중심부를 확대하여 관측한 것이다. 오른쪽 사진에서 그 중심부에 있는 거대 블랙홀 근처에 매우 밝게 빛나는 부분이 있는데 이곳이 바로 강착 원반이 있는

초대질량 블랙홀로부터 방출되는 고에너지 제트. 처녀자리 은하단의 중심 은하인 거대 타원 은하 M87의 중심에서 거대한 제트가 우주 공간으로 방출되고 있다. 이 은하의 중심 블랙홀의 질량은 태양 질량의 20억 배로 추정된다.

곳이다. 그 바깥으로 차가운 가스들이 원반을 이루고 있다. 중심부에 있는 거대 블랙홀은 태양 질량의 3억 배 정도이다.

블랙홀이 오로지 주위의 물질을 빨아들이기만 하는 것은 아니다. 블랙홀 주위에서 고에너지 입자들이 방출되기도 한다. 이러한 에너지 분출을 제트라고 하는데 여러 은하의 중심에서 수직 방향으로 아주 멀리까지 제트가 방출되는 것이 관찰되었다. 위 사진은 허블 우주 망원경이 M87 은하의 중심에서 고에너지 물질이 은하 크기보다 더 먼 40~50만 광년 거리까지 분출되는 장면을 포착한 것이다. 제트는 블랙홀의 질량이 클수록 더 멀리 분출된다.

초대질량 블랙홀은 항성 질량 블랙홀들과 뚜렷이 구분되는 특징이 있다. 그 특징은 블랙홀의 평균 밀도와 사건의 지평선에서의 조석력 크기가 매우 작다는 것이다.

블랙홀의 평균 밀도는 블랙홀의 질량을 사건의 지평선 반지름으로 구한 부피로 나눈 값으로 정의되는데 블랙홀의 질량이 커질수록 작아진다. 초대질량 블랙홀의 평균 밀도는 지구 대기의 밀도보다 더 작다. 블랙홀이 질량을 빨아들이며 성장할 때, 사건의 지평선 반지름은 질량에 비례하여 증가하는 반면, 부피는 사건의 지평선 반지름의 세제곱에 비례하여 증가하므로 질량보다 훨씬 빨리 증가한다. 이 때문에 블랙홀의 반지름이 커질수록 평균 밀도는 급격히 줄어들게 되는 것이다.

마찬가지 이유로 초대질량 블랙홀은 사건의 지평선 부근에서 조석력도 매우 약하다. 따라서 초대질량 블랙홀의 중심으로 여행하는 우주 비행사가 있다면 블랙홀 아주 깊은 곳으로 들어갈 때까지 조석력을 거의 느끼지 못할 수도 있다.

우리 은하 중심에도 초대질량 블랙홀이 있다

초대질량 블랙홀이 대부분 은하들의 중심에 있다면 우리 은하 중심에도 있을 것이다. 우리 은하 중심에 블랙홀이 있다는 첫 번째 증거는 퀘이사가 발견되고 10년 정도 지난 후에 발견되었다. 미국의 천문학자 로버트 브라운Robert Brown과 브루스 밸릭Bruce Balick이 1974년에 우리 은하의 중심 방향에서 강한 전파원을 발견한 것이다. 이로써 우리 은하의 중심부에도 퀘이사와 마찬가지로 강한 전파가 방출되고 있다는 사실이 확인된 것이다. 이 전파원은 궁수자리 A라 명명되었다.

우리 은하의 중심에 강한 전파원이 있을 것이라는 예측은 1971년에 도널드 린든벨과 마틴 리스에 의해 제기되었다. 이들은 퀘이사가 은

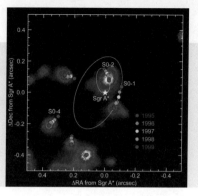

우리 은하 중심 근처에 있는 별들의 운동. 천문학자들은 우리 은하 중심 주위를 공전하는 별들의 운동을 분석해서, 그 중심에 태양 질량의 약 460만 배 되는 블랙홀이 있다는 결론을 얻었다. 궁수자리 A*라고 표시된 곳이 우리 은하의 초대질량 블랙홀이 있는 곳이다.

하의 중심부에 있는 거대 블랙홀이라는 주장이 설득력을 얻어 가자 우리 은하 중심에도 거대 블랙홀이 있어서 퀘이사들처럼 전파를 방출할 것이라고 예측한 것이다.

우리 은하 중심에도 거대 블랙홀이 있다는 소식이 전해지자 천문학자들은 앞 다투어 전파와 X-선 망원경으로 우리 은하의 중심부를 자세히 관측하기 시작했다. 우리 은하 중심에 거대 블랙홀이 존재한다는 확증을 얻는 데 중요한 역할을 한 것은 적외선 카메라였다. 1990년대에 본격적으로 개발되기 시작한 적외선 카메라는 광학 망원경으로 보면 먼지 때문에 보이지 않던 은하의 중심부의 별들을 잘 보여 준다. 전파나 적외선은 모두 파장이 길어서 먼지 층을 잘 통과하여 그 내부를 볼 수 있지만 별들은 전파를 거의 방출하지 않기 때문에 전파로 찍은 은하의 중심부 사진에는 가스와 먼지들만 보이는 반면, 적외선 사진에는 전파 망원경으로 보이지 않던 별들을 볼 수 있다.

적외신 카메라로 찍은 사진을 통해 천문학자들은 은하 중심에 수

많은 별들이 밀집해 있어서 별들의 밀도가 매우 높다는 것을 알게 되었다. 이곳에는 1입방광년 범위 안에 약 1000만 개의 별들이 몰려 있었는데, 이 정도로 많은 별들이 중심부에 붙잡혀 있으려면 대단히 큰 중력이 있어야 한다.

만약 은하 중심 주위를 돌고 있는 별들의 운동 속도와 중심핵까지의 거리를 측정하면 중심핵의 크기와 질량을 계산할 수 있다. 그러자면 개개의 별들을 관측하여 그 운동 속도를 측정해야 하므로 은하 중심부를 높은 해상도로 관측할 수 있어야 한다.

1990년대 중반 독일과 미국 연구 그룹들은 대기의 흔들림 때문에 별의 상이 흐려지는 것을 보정하는 기법을 적용하여 우리 은하 중심부를 관측해 10광일 거리 안에서 은하 중심부 주위를 공전하고 있는 별들의 움직임을 포착하는 데 성공했다. 별들의 운동으로부터 역학적으로 계산한 결과 우리 은하 중심부에는 태양 질량의 약 460만 배 되는 물체가 있다는 결과를 얻었다. 하지만 우리 은하 중심부에는 아무것도 보이지 않으므로 거기에 태양 질량 460만 배의 거대 블랙홀이 있다고 결론지었다.

거대 블랙홀과 은하의 관계

은하 중심에 있는 거대 질량 블랙홀들은 어떻게 생겨난 것일까? 아직 결론이 내려진 것은 아니지만 천문학자들은 블랙홀과 은하는 함께 성장해 왔을 것으로 보고 있다. 다시 말해 우주 초기부터 은하가 성장할 때 그 중심에 있는 블랙홀도 함께 성장해 왔다는 것이다.

예를 들어 은하들이 서로 충돌하여 합쳐지면 은하 중심에 있는 블랙홀들도 서로 충돌하여 더 큰 블랙홀로 자라날 수 있을 것이다. 은하들이 먼저 성장하고 난 후 중심의 블랙홀이 주위의 물질을 흡수하여 성장할 수도 있고, 블랙홀이 먼저 충돌한 후 은하들이 성장할 수도 있다. 이것을 밝히기 위해서는 더 많은 연구가 필요하다.

또 다른 의문은 모든 은하의 중심에는 블랙홀이 있는가 하는 것이다. 이 질문 역시 명확하게 대답하기 어렵다. 초대질량 블랙홀은 대부분 은하의 '팽대부galactic bulge' 중심에 위치하는데 팽대부가 없는 은하들도 많기 때문이다. 팽대부가 없는 은하의 중심에도 거대 질량 블랙홀이 존재하는가에 대해서는 아직 결론을 내리지 못하고 있다.

최근 거대 질량 블랙홀의 질량과 블랙홀을 품고 있는 은하의 팽대부 질량이 비례한다는 연구 결과가 발표되었다. 이것은 질량이 큰 은하일수록 초대질량 블랙홀의 질량도 크다는 것을 시사한다. 여기서 생겨나는 의문은 "은하와 거대 질량 블랙홀 중에서 어느 쪽이 먼저 생겼을까?" 하는 것이다. 이 질문에 대한 답도 아직은 불확실하다. 왜냐하면 거대 질량 블랙홀이 먼저 생성된 후 은하의 질량이 커진다는 연구 결과가 있는 반면에 상당히 진화된 은하 속에서 거대 질량 블랙홀이 급성장한다는 연구 결과도 나오고 있기 때문이다.

거대 질량 블랙홀의 성장 과정을 이해하려면 먼 과거에 이들이 어떻게 성장했는지를 살펴보면 된다. 이러한 연구가 가능한 것은 빛의 속

블랙홀과 은하. 은하 중심에 있는 초대질량 블랙홀의 활동이 폭주하면 주변 지역의 별 형성을 억제하는 효과가 있는 것으로 밝혀졌다. 사진은 거대한 제트를 우주 공간으로 분출하고 있는 Arp 220 은하의 상상도이다.

도가 유한하여 먼 곳에 있는 천체에서 오는 빛은 먼 과거의 모습을 보여 주기 때문이다. 예를 들어 우리가 10억 광년 거리에 있는 천체를 관측하는 것은 그 천체의 현재 모습을 보는 것이 아니라 10억 년 전의 과거 모습을 보는 것이다. 다시 말해 우리는 그 천체로부터 오는 빛이 우리에게 도달하는 데 걸리는 시간만큼 그 천체의 과거의 모습을 보게 되는 셈이다. 이 때문에 빛이 오는 데 걸리는 시간을 되돌아보기 시간 look-back time ● 이라고 부른다.

멀리 있는 블랙홀을 관측하려면 그것이 매우 밝게 빛나고 있어야 한다. 퀘이사가 바로 매우 밝게 빛나는 거대 질량 블랙홀이다. 지금까

● 되돌아보기 시간은 빛의 속도가 유한(초속 30만km)하고, 우리가 모든 사물을 빛을 통해서 보기 때문에 발생한다. 이 효과는 지구상에서와 같이 가까운 거리에서는 중요하지 않지만 천문학적인 거리에서는 매우 중요해진다.

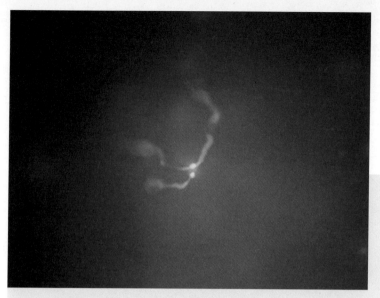

블랙홀의 합체. 활동적인 은하 3C75의 중심에 보이는 밝은 두 점은 초대질량 블랙홀들이
다. 이들은 25000 광년 떨어진 상태에서 서로를 향해 공전하고 있다. 이 은하는 3억 광년
거리에 있으며 두 개의 은하가 합쳐지는 과정에 있다. 합쳐지면 더욱 거대한 블랙홀이 될 것
으로 예측된다.

지 관측된 퀘이사들 중 가장 멀리 있는 것은 2010년 영국의 한 연구
그룹이 발표한 130억 광년 떨어진 곳에 있는 퀘이사다. 현재 우주의 나
이가 137억 년이니, 우리는 우주의 나이 불과 7억 년인 시점에 존재했
던 퀘이사 모습을 보는 것이다.

최근 과학자들은 초기 우주 퀘이사들이 태양 질량의 약 10억 배에
이르는 매우 무거운 거대 질량 블랙홀이라는 사실을 밝혀냈다. 태양 질
량의 10억 배나 되는 거대 블랙홀이 초기 우주에 존재한다는 사실은
또 다른 의문을 불러일으킨다. 현재까지 천문학자들이 알고 있는 블랙

홀을 만들어 낼 수 있는 방법은 무거운 별의 죽음밖에 없다. 이렇게 생긴 블랙홀의 질량은 태양 질량의 3~15배에 불과하다.

이런 블랙홀이 태양 질량의 10억 배까지 성장하기 위해서는 주위의 물질들을 급속히 빨아들여야 할 것이다. 하지만 아무리 모든 것을 다 빨아들이는 블랙홀이라 할지라도 한번에 물질을 빨아들이는 양에는 한계가 있다. 왜냐하면 물질이 블랙홀 주변에 많이 몰리면 마찰열로 퀘이사처럼 밝게 빛나게 되는데 이렇게 되면 광압 때문에 물질의 유입이 줄어들게 되기 때문이다. 이 때문에 태양 질량 10배의 블랙홀이 태양 질량 10억 배의 블랙홀로 성장하려면 최소한 10억 년이 걸린다는 계산이 나온다. 따라서 우주의 나이 7~8억 년 때 이미 거대 질량 블랙홀이 있었다는 것은 이치에 맞지 않는 셈이다.

이 때문에 초기 우주 거대 질량 블랙홀의 시발점이 되는 '씨앗 블랙홀'은 무거운 별의 죽음으로 탄생한 것이 아니라 초기 우주 가스의 급격한 수축으로 생긴 태양 질량 수만 배의 블랙홀이라는 주장이 등장하게 되었다. 또 초기 우주의 별들은 지금 우주에서는 상상하기 힘든 매우 무거운 별들이었으며 이들이 죽었을 때는 태양 질량 100배 이상의 비교적 무거운 블랙홀이 만들어질 수도 있다는 주장이 제기되고 있다.

거대 질량 블랙홀이 덩치를 키우는 또 다른 방법은 은하 합병galaxy merging이다. 은하들은 종종 서로 충돌하여 합쳐지는데, 합쳐지는 은하들이 대형 블랙홀을 포함하고 있다면, 이 블랙홀들은 합쳐진 은하의 중심에서 서로 나선을 그리며 접근하여 하나로 통합될 것이다. 블랙홀들의 합체는 시공간 동역학 그 자체를 수반하는 과정이다. 이와 같은 상황에 대해서 아인슈타인 방정식을 푸는 것은 아주 어려운 문제이다.

우주 초기에 많은 작은 은하들이 합쳐지면서 보다 큰 은하로 성장했을 가능성이 있다. 작은 은하 두 개가 만나면 블랙홀이 서로 회전하며 가까워져서 결국은 하나로 합쳐진다. 이러한 과정에서 물질 유입도 활발히 일어난다. 은하와 은하는 충돌할 수 있으며 충돌 과정에서 은하 두 개가 합쳐지면서 새로이 더 큰 은하가 탄생하게 된다. 은하 합병이 일어나면 안정적인 궤도를 유지하던 가스와 별들이 궤도를 이탈한다. 이런 가스와 별들은 새로이 탄생한 은하의 중심부에 몰려들어 거대 질량 블랙홀의 성장을 위한 먹이가 될 수 있다. 실제로 그런 일이 일어나는지 어떻게 알 수 있을까? 급격한 블랙홀 성장이 일어나고 있는 퀘이사와 같은 천체에서 은하 합병의 흔적이 다른 은하들에 비해 더 빈번하게 발견된다면 은하 합병이 거대 질량 성장에 기여하고 있다고 볼 수 있을 것이다.

거대 질량 블랙홀은 매우 흥미로운 천체인 동시에 우주를 이해하는 데 핵심적인 천체로, 은하의 탄생과 진화 등 우주의 진화 과정에 다방면으로 얽혀 있는 천체라고 할 수 있다. 거대 질량 블랙홀에 대해 아직도 많은 의문이 남아 있지만 현재 활발한 연구가 이뤄지고 있으므로 앞으로의 결과가 기대된다.

중간 질량 블랙홀

항성 블랙홀과 초대질량 블랙홀 사이의 질량 차이는 매우 크다. 이 때문에 그 중간 정도의 질량을 갖는 중간 질량 블랙홀intermediate-mass black hole이 있을 가능성이 있다. 초대질량 블랙홀은 중간 질량 블랙홀 단계를 거쳐서 성장했거나 중간 질량 블랙홀의 병합으로 성장했을 가능성도 배제할 수 없기 때문이다. 그리고 초기 블랙홀의 가장 유력한 후보로 관심이 집중된 항성 블랙홀과 은하 중심에 있는 초대질량 블랙홀이 워낙 두드러져 보이기 때문에 상대적으로 관심을 받지 못하고 또 관측이 쉽지 않아 드러나지 않았을 가능성이 크다.

실제로 최근에 항성 블랙홀보다 크고 초대질량 블랙홀보다는 작은 중간급의 블랙홀이 있는 것으로 확인되고 있다. 중간 질량 블랙홀에 대한 증거는 초대질량 블랙홀이나 항성 블랙홀에 대한 것에 비하면 많지 않다. 우리 은하계에서 최초로 발견된 중간 질량 블랙홀은 2004년 11월에 발견된 GCIRS 13E이다. GCIRS 13E는 우리 은하 중심(블랙홀)인 궁수자리 A*●로부터 3광년 정도 떨어진 곳에서 공전하고 있다. 이 블랙홀의 질량은 태양 질량의 1300배 정도이고 슈바르츠실트 반지름은 3800km로 추정된다. 그렇다면 이 블랙홀의 크기는 달 크기의 두 배 정도가 된다.

중간 질량 블랙홀의 정체에 대해서는 매우 거대한 항성의 중력 붕괴에 의해 형성된 항성 블랙홀의 일종으로 보는 견해가 있는가 하면,

● 궁수자리 A*Sagittarius A*는 여름철 남쪽 하늘에 보이는 별자리인 궁수자리 방향에 있는, 우리 은하의 중심에 위치한 밝고 매우 작은 전파원을 지칭한다. 이곳은 우리 은하의 초대질량 블랙홀이 있는 곳으로 생각된다.

은하 중심에서와 같이 항성이나 가스들이 고밀도 밀집해 블랙홀이 성장하기 좋은 조건을 갖추지 못하여 초대질량 블랙홀로 성장하지 못한 것이라는 의견도 있다.

중간 질량 블랙홀의 생성 과정을 설명하는 이론에는 두 가지가 있는데, 첫 번째는 항성 블랙홀과 기타 소형 물체가 중력파에 의해 합쳐져서 생성되었다는 이론과 성단 내의 거대한 항성들이 서로 충돌하고 붕괴하여 형성되었다는 설이 있다.

최초로 발견된 중간 질량 블랙홀 GCIRS 13E는 은하 중심 가까이 있는 대규모 성단으로부터 떨어져 나온 것으로 보이는 일곱 개의 항성으로 이루어진 집단 내에 존재하고 있다. 이 블랙홀은 인근의 작은 블랙홀과 항성을 흡수하여 초대질량 블랙홀로 성장할 수도 있어 앞으로의 관측이 기대된다.

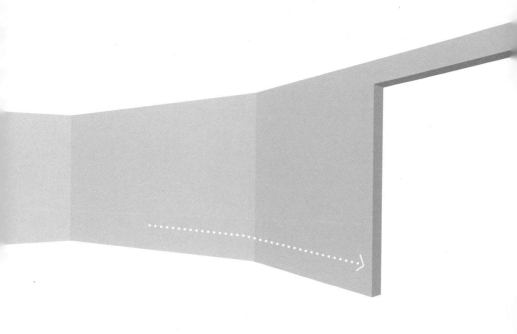

우주에는 미니 블랙홀도 존재할 것으로 예측한다. 미니 블랙홀은 질량이나 슈바르츠실트 반지름이 매우 작은 블랙홀을 지칭한다. 스티븐 호킹은 우주 초기에 밀도 요동으로 원자핵 크기 정도로 작은 미니 블랙홀들이 만들어졌을 가능성이 있다고 주장했다. 또 끈 이론을 연구하는 학자들은 가속기에 의해서도 인공적으로 초미니 블랙홀이 만들어질 수 있다고 주장하며, 이것이 끈 이론이 옳다는 것을 입증하는 실험적 증거가 될 거라는 기대를 갖고 있다. 한편 또 다른 물리학자들은 우주선에 의해서도 초미니 블랙홀이 만들어질 수 있다고 주장하고 있다.

미니 블랙홀

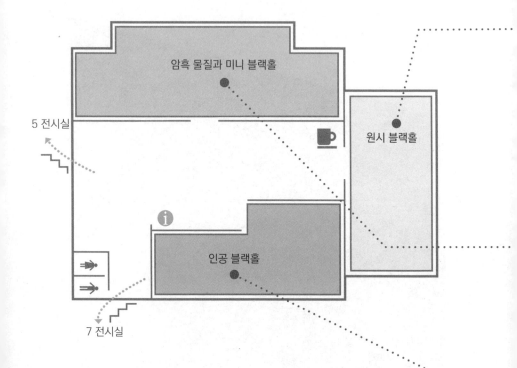

미니 블랙홀은 일반적으로 슈바르츠실트 반지름이 양성자 크기(지름 약 10~15m) 정도로 매우 작은 블랙홀을 말합니다. 미니 블랙홀은 그 크기가 작다는 것을 감안하면 엄청나게 무겁지요. 호킹은 슈바르츠실트 반지름이 양성자 크기 정도인 원시 블랙홀의 질량은 약 5억 톤이고, 질량이 모두 증발하는데 약 1억 년이 걸릴 것으로 예상했습니다. 양성자 크기 이하인 원시 블랙홀들은 이미 모두 증발하여 사라졌을 가능성이 크고, 그보다 질량이 더 큰 원시 블랙홀들은 현재에도 존재할 가능성이 있지요. 이런 원시 블랙홀들이 빅뱅 당시에 충분히 많이 만들어졌다면 오늘날에도 이들을 관측할 수 있을 가능성이 있답니다.

원시 블랙홀

원시 블랙홀들은 종말을 맞은 항성 핵의 수축으로부터 형성되는 것이 아니기 때문에 이론적으로 어떤 크기로든지 만들어질 수 있지만 초기의 우주는 매우 작았기 때문에 미니 블랙홀들이 많이 만들어졌을 것으로 추측된다. 크기가 작은 블랙홀들은 질량이 작고 온도가 높다. 이러한 블랙홀들은 온도가 아주 높고 우주의 크기가 아주 작았던 우주 초기에 도처에서 만들어졌다가 사라졌을 가능성이 있다.

암흑 물질과 미니 블랙홀

미니 블랙홀에 대한 또 다른 주장은 미니 블랙홀이 우주에 존재하는 암흑 물질의 하나라는 것이다. 암흑 물질은 우주 질량의 상당 부분을 차지하는 정체 불명의 물질로 전자기파로는 관측되지 않고 오로지 중력을 통해서만 그 존재가 인식되는 물질이다. 암흑 물질은 현대 천문학과 물리학의 최대 미스터리의 하나이다. 암흑 물질은 은하들 주변이나 은하단 주위에 대량으로 존재하는 것으로 알려져 있다. 최근 연구 결과에 따르면 암흑 물질은 우리 우주를 구성하는 총 물질의 80% 이상을 차지한다고 한다.

인공 블랙홀

미니 블랙홀은 우주 초기에만 존재할 수 있는 것일까? 상대성 이론에 따르면 블랙홀을 형성하려면 매우 높은 에너지가 필요하므로 현실적으로 불가능하다. 하지만 양자 중력 이론 후보로 거론되는 끈 이론에서 주장하는 여분 차원이 존재한다면 블랙홀을 만들기가 훨씬 쉬워질 수도 있다. 만약 끈 이론이 옳다면 현재 소립자 충돌 실험에 사용되는 가속기를 이용하여 블랙홀을 만들어 낼 가능성도 있다.

> 아인슈타인 방정식은 '이것이 끝'이라고 말하지만
> 물리학은 '끝이란 존재하지 않는다'고 말하네. 99
> – 존 휠러

뉴턴이나 아인슈타인의 중력 이론에 따르면 블랙홀이 가질 수 있는 질량의 범위에는 한계가 없다. 그동안 천문학자들은 우주 안에서 두 종류의 블랙홀들을 찾아냈는데, 이들은 바로 항성 질량 블랙홀과 거대 질량 블랙홀이다. 거대 질량 블랙홀의 질량은 대부분 태양 질량의 수백만 배에서 수십억 배 범위이지만 그 이상의 질량을 갖는 초거대 질량 블랙홀들도 발견되고 있다.

하지만 항성 블랙홀이 가질 수 있는 질량에는 하한이 있어서 태양 질량의 3배 이하인 항성 블랙홀은 발견되지 않는다. 그 이유는 별이 종말을 맞아서 붕괴할 때 중심핵이 붕괴하여 블랙홀이 형성되려면 최소한 중성자별의 질량보다는 커야 하기 때문이다. 그렇다면 우주에는 이보다 더 작은 질량을 갖는 블랙홀은 존재할 수 없는 것일까?

미니 블랙홀
••••••

별들이 종말을 맞을 때 블랙홀이 형성될 수 있다는 것은 잘 알려져 있는 사실이다. 하지만 이 방법으로는 질량이 태양의 3배 이하인 블랙홀이 생성될 수는 없다. 그런데 우주에는 이런 항성 블랙홀보다 훨씬 작은 질량을 갖는 미니 블랙홀도 존재할 수 있다는 것이 스티븐 호킹의 연구로 알려졌다.

미니 블랙홀mini black hole은 일반적으로 슈바르츠실트 반지름이 양성자 크기(지름 약 $10^{-15}m$) 정도로 매우 작은 블랙홀을 말한다. 비록 미니 블랙홀의 질량이 작다고는 하지만, 그 크기가 작다는 것을 감안하면 엄청나게 무거운 것이다. 예를 들어 슈바르츠실트 반지름이 양성자 크기 정도인 미니 블랙홀의 질량은 10억 톤이나 된다.

미니 블랙홀을 다룰 때 주의해야 할 것이 하나 있는데 그것은 양자 역학적 효과를 반드시 고려해야 한다는 것이다. 앞서 살펴본 블랙홀들, 다시 말해 항성 블랙홀이나 은하 중심의 거대 블랙홀은 슈바르츠실트 반지름이 적어도 수킬로미터 이상이어서 양자론의 적용 대상이 아니지만 슈바르츠실트 반지름이 원자 크기 정도라면 이야기가 다르다. 양자 역학적인 효과는 원자 크기 정도의 미시적 세계에서 그 영향이 확연히 드러나기 때문이다. 따라서 미니 블랙홀을 정확히 분석하려면 양자 중력 이론을 적용하는 것이 마땅하다. 하지만 아직 양자 중력 이론이 개발되지 않은 관계로 일반 상대성 이론에 양자 역학을 부분적으로 적용하여 그 성질을 파악하는 방법을 사용하고 있다.

호킹은 블랙홀에 양자 역학을 적용하여 블랙홀이 온도를 갖고 복사선을 방출한다는 것을 알아냈다. 만약 블랙홀이 외부로 복사선을 방출한다면 블랙홀은 방출하는 복사선이 갖고 나가는 에너지에 해당하는 질량을 잃는다. 그런데 블랙홀의 온도는 질량에 반비례하여 상승하므로, 블랙홀이 복사를 방출하면 온도가 높아지고 이에 따라 방출하는 복사량은 더욱 커지게 된다. 다시 말해 블랙홀은 복사를 방출하면서 질량이 줄어들고, 질량이 줄어들면서 더 강렬하게 복사선을 뿜어내게 된다는 것이다. 시간이 흐를수록 이러한 과정은 점점 더 빨라져서 블랙홀은 점점 더 뜨거워지고 복사 에너지도 점차 더 강해지게 된다.

슈바르츠실트 반지름이 원자핵 크기 정도인 미니 블랙홀은 온도가 10억 도 정도로 계산되는데, 이런 미니 블랙홀은 호킹 복사에 의한 질량 손실이 매우 크다. 만약 이런 물체가 지구 가까이 어디엔가 있다면 우리는 그 물체로부터 나오는 강한 복사를 검출할 수 있을 것으로 예상된다. 호킹 복사는 블랙홀의 질량에 반비례하여 방출되는데, 복사로 인해 질량이 더욱 감소하기 때문에, 매우 작은 질량을 갖는 블랙홀들은 마지막 단계에서 핵무기 폭발과 같은 강도로 엄청난 전자기파 폭발을 일으킬 것으로 예상된다. 이런 블랙홀은 '블랙'이 아니라 '백열'이라는 말이 더 어울린다. 이들은 초당 약 1만 메가와트(MW)의 비율로 에너지를 방출하는데, 거대한 핵발전소 여러 곳에서 얻을 수 있는 에너지 양과 같다.

어떤 사람들은 미래에는 미니 블랙홀을 이용하여 에너지를 얻을 수도 있다는 기발한 아이디어를 내놓기도 하지만 문제는 미니 블랙홀을 통제하는 것이 쉽지 않다는 것이다. 무엇보다 미니 블랙홀을 둘 장소가 문제가 된다. 만약 지상에 두면 밀도가 너무 높아서 블랙홀이 지각을 뚫고 지구 중심으로 떨어지는 것을 막을 방법이 없는 것이다. 그렇게 되면 지구 중심으로 떨어진 블랙홀은 지구 중심을 관통하여 지나간 후 다시 반대쪽으로 되돌아오는 운동을 계속하다가 결국 지구 중심에서 멎게 될 것이다.

미니 블랙홀은 얼마나 작을 수 있을까? 다시 말해 미니 블랙홀의 질량에는 하한이 있을까? 뉴턴 역학이나 일반 상대성 이론으로 예측되는 블랙홀의 질량에는 하한이 없지만 양자 역학적으로는 하한이 있는데 그것은 플랑크 질량Planck mass[*]이다. 플랑크 질량은 슈바르츠실트 반지름이 플랑크 길이Planck length[**]가 되는 가설상의 최소 블랙홀(플랑크 입자라 불린다)의 질량이다. 플랑크 길이는 양성자 지름의 $1/10^{20}$에 불과할 정도로 극히 작다.

원시 블랙홀

호킹은 1974년에 우주 초기에는 소립자 크기 정도로 작은 미니 블랙홀이 생성될 수 있으며 은하 헤일로galactic halo[***] 안에 이런 블랙홀이 많

- [*] 플랑크 질량은 3가지 근본 상수(플랑크 상수 $\hbar$, 빛의 속도 c, 중력 상수 G)에 의해서 다음과 같이 정의된다. $m_p = \sqrt{\hbar c / G} \approx 22\mu g$
- [**] 플랑크 길이는 가능한 가장 작은 길이로 다음과 같이 정의된다.
  $l_p = \sqrt{\hbar G / c^3} \approx 1.6 \times 10^{-35} m$
- [***] 은하 원반 주위를 둘러싸고 있는 구형의 영역으로, 구상 성단과 X선을 방출하는 뜨거운 가스 덩어리가 모여 있다.

이 있을지도 모른다는 가설을 발표했다. 이런 블랙홀을 원시 블랙홀[•]
이라고 한다.

    호킹은 원시 블랙홀은 우주 초기의 밀도 요동에 의해 생성될 수
있다고 주장했다. 빅뱅 이론big bang theory에 따르면, 빅뱅 후 1초도 안
되는 극히 짧은 순간 동안 우주의 압력과 온도는 극에 다다를 만큼 높
았는데 이런 극한 상황에서는 물질의 밀도에 약간의 변동만 있어도 국
소적으로 블랙홀이 만들어질 수 있는 환경이 조성될 가능성이 있다는
것이다. 이후 우주 팽창에 의해 다른 지역들은 빠르게 분산되었지만 원
시 블랙홀들은 안정적으로 그 상태를 유지하여 현재도 존재할 가능성
이 있다는 것이다.

    원시 블랙홀들은 종말을 맞은 항성 핵의 수축으로부터 형성되는
것이 아니기 때문에 어떤 크기로든지 만들어질 수 있지만 초기의 우
주는 매우 작았기 때문에 미니 블랙홀들이 만들어졌을 가능성이 많을
것으로 추측된다. 크기가 작은 블랙홀들은 질량이 작고 온도가 높다.
이러한 블랙홀들은 온도가 아주 높고 우주의 크기가 아주 작았던 우
주 초기에 도처에서 만들어졌다가 사라졌을 가능성이 있다.

    호킹은 슈바르츠실트 반지름이 양성자 크기 정도인 원시 블랙홀
은 질량이 약 5억 톤이고, 질량이 모두 증발하는 데 약 1억 년이 걸릴
것으로 예상했다. 따라서 양성자 크기 이하인 원시 블랙홀들은 이미
모두 증발하여 사라졌을 가능성이 크고, 그보다 질량이 더 큰 원시 블
랙홀들은 현재에도 존재할 가능성이 있다. 그리고 이런 원시 블랙홀들
이 빅뱅 당시에 충분히 많이 만들어졌다면 오늘날에도 이들을 관측할

• 원시 블랙홀은 우주 초기에 물질의 밀도 불균형으로 형성된다는 가설상의 블랙홀이며 아직 확
인되지 않았다.

수 있을 가능성이 있다.

만약 원시 블랙홀들이 존재한다면 그것을 어떻게 찾을 수 있을까? 호킹 복사를 이용하면 된다.* 질량이 10억 톤에 못 미치는 원시 블랙홀들은 지금까지 남아 있지 못하고 오래전에 증발했을 가능성이 크다. 하지만 초기 질량이 수십억 톤이 넘는 것들은 우리 우주의 나이와 비슷한 수명을 가질 것으로 예상되므로, 현재 X선과 감마선의 형태로 호킹 복사를 방출하고 있을 가능성이 있다.

만약 이들이 증발의 마지막 단계에 와 있다면, 초당 10기가와트(GW)의 세기로 에너지를 방출할 것으로 예상된다. 그리고 수광년 떨어진 거리에서도 관측하기 충분한 아주 강한 감마선을 방출할 것이다. 아마도 블랙홀의 마지막 폭발은 전자와 양전자로 이루어진 불덩어리를 강하게 방출할 것이다. 이 불덩어리는 우주 공간에 넓게 퍼져 있는 약한 자기장과 상호작용해서 그 에너지를 강한 전파의 형태로 바꿔 줄 것이다. 우리는 이 전파를 감마선 망원경보다 훨씬 민감한 전파 망원경을 이용하여 검출할 수가 있다.

따라서 만약 우주 초기에 만들어진 원시 블랙홀들이 모두 증발하지 않고 남아 있다면 이들이 방출하는 감마선을 찾을 수 있다. 만약 이 블랙홀들이 아주 멀리 있다면 각각의 원시 블랙홀에서 방출되는 복사는 아주 약해서 검출이 어려울지 몰라도 이런 블랙홀들 전체가 뿜어내는 복사량은 상당하여 검출할 수 있을지도 모른다.

---

* 만약 호킹 복사가 존재하지 않는다면, 원시 블랙홀들을 찾기는 매우 어려울 것이다. 원시 블랙홀은 크기도 매우 작고 중력적인 영향도 거의 없기 때문이다.

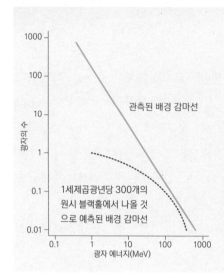

우주에서 오는 배경 감마선의 세기. 아래쪽 점선은 1세제곱광년 공간당 300개의 원시 블랙홀이 있을 때 방출되는 감마선 세기를 나타낸 것이다.

과학자들은 이 복사선을 찾기 위해 우주에서 오는 배경 감마선●을 꾸준히 관측하고 있다. 위 그래프는 그 결과를 나타낸 것으로 감마선 진동수(광자 에너지)에 따른 감마선의 강도(광자의 수)를 보여 준다. 감마선 진동수가 클수록 광자 에너지가 크고, 광자 수가 많을수록 감마선의 강도가 세다. 그림에서 진동수가 클수록 감마선 강도가 급격히 떨어지는 것을 볼 수 있다. 그림에 점으로 나타낸 곡선은 1세제곱광년 공간당 300개의 원시 블랙홀이 있다고 가정했을 때, 방출되는 감마선 세기의 추정치이다. 두 곡선을 비교해 보면 관측된 배경 감마선은 원시 블랙홀로부터 기대되는 감마선 복사와 다른 패턴을 보인다. 따라서 관측된 배경 감마선은 원시 블랙홀에서 온다고 보기 어렵다. 다시 말해

● 감마선은 파장이 10^{-9}m보다 짧은 전자기파이다. 감마선은 에너지가 매우 높고 투과력이 강하기 때문에, 사람에게 상당한 방사능 손상을 입힐 수 있다. 감마선은 우주에서 가장 강력한 과정, 이를테면 폭발하는 별이나 초대질량 블랙홀에 의해서 방출된다.

감마선은 원시 블랙홀에서 나오는 것이 아니라 다른 과정에 의해서 생성되었을 가능성이 크다.

그런데 끈 이론학자들은 다른 주장을 내놓고 있다. 일반 상대성 이론은 가장 작은 원시 블랙홀들이 현재는 증발했을 것으로 예측하지만 끈 이론에서 예견하는 네 번째 여분의 차원이 있다면 원시 블랙홀의 증발이 좁은 영역에서의 중력에 영향을 미칠지도 모르고 매우 천천히 증발할지도 모른다는 것이다. 만약 이 주장이 옳다면 이는 우리 은하에 수천 개의 원시 블랙홀들이 있다는 것을 의미할 수 있다. 이 이론을 검증하기 위해서 2008년 6월 11일에 발사한 페르미 감마선 우주 망원경Fermi Gamma-ray Space Telescope을 사용하여 연구하고 있다. 페르미 망원경이 감마선 폭발의 작은 간섭 형태를 관측한다면 원시 블랙홀과 끈 이론에 대한 첫 번째 간접적인 증거가 될 수 있다.

암흑 물질과 미니 블랙홀

미니 블랙홀에 대한 또 다른 주장은 미니 블랙홀이 우주에 존재하는 암흑 물질의 하나라는 것이다. 암흑 물질dark matter은 우주 질량의 상당 부분을 차지하는 정체불명의 물질로 전자기파로는 관측되지 않고 오로지 중력을 통해서만 그 존재가 인식되는 물질이다. 암흑 물질은 현대 천문학과 물리학의 최대 미스터리의 하나이다. 암흑 물질은 은하들 주변이나 은하단 주위에 대량으로 존재하는 것으로 알려져 있다. 최근 연구 결과에 따르면 암흑 물질은 우리 우주를 구성하는 총 물질의 80% 이상을 차지한다고 한다.

우주에 정체불명의 암흑 물질이 있다는 주장은 1930년대에 프리츠 츠비키에 의해 제기되었다. 그는 머리털자리 은하단 안의 수많은 개별 은하들이 빠른 속도로 움직이는 것을 발견했다. 그는 이런 은하들의 속도로부터 계산한 은하단 중심의 질량은 은하단 내의 모든 은하들이 내는 빛의 양으로 계산한 물질의 양보다 훨씬 크다는 사실을 발견했다. 츠비키는 이 결과를 놓고 은하단 주위에는 보이지 않는 물질이 있다고 주장했다. 하지만 당시로서는 츠비키의 주장이 터무니없다고 여겨졌기 때문에 무시되었다.

하지만 1962년에 천문학자 베라 루빈Vera Rubin(1928~)은 은하수의 나선팔에 있는 푸른 별들이 은하수 주위로 회전하는 속도를 측정한 결과 은하 중심으로부터의 거리와 무관하게 차이가 거의 없다는 사실을 발견했다. 이것은 매우 이상한 일이었다. 별들이 은하 중심으로 멀리 있을수록 중심으로부터의 중력이 약해지기 때문에 속도가 느려져야 하는데, 그렇지 않았기 때문이었다. 그 후 다른 은하들을 관측한 결과도 마찬가지였다. 이것은 은하들의 외곽에 엄청나게 많은 양의 물질이 둘러싸서 은하 전체를 마치 곤충의 고치처럼 보호하고 있어야 한다는 것을 의미했다. 이러한 물질이 발하는 빛은 망원경에 관측되지 않고, 미치는 중력에 의해서만 알 수 있기 때문에 은하 주위에 빛으로 관측되지 않는 방대한 '보이지 않는 질량missing mass' 이 숨어 있다는 것

● 은하단 내의 은하들의 운동이나 은하 내의 별들의 운동을 조사하면, 운동에서 구한 질량이 밝기에서 추정된 질량보다 10~100배나 무겁다. 이것은 관측이 불가능하지만 질량을 갖고 있는 미지의 물질이 존재한다는 것을 뜻한다. 이 미지의 물질을 보이지 않는 질량이라고 한다. 그 후보로는 블랙홀이나 뉴트리노neutrino(중성미자) 압축 물질 등이 거론되고 있다.

을 뜻한다.

미니 블랙홀은 빛으로 관측되지 않기 때문에 보이지 않는 질량의 일부일 가능성이 충분히 있다. 하지만 암흑 물질 전부가 미니 블랙홀일 수는 없을 것으로 보인다. 만약 미니 블랙홀이 암흑 물질의 전부를 다 차지한다면 현재 관측되는 것보다 훨씬 많은 X선과 감마선 복사가 방출되었어야 하기 때문이다. 따라서 미니 블랙홀이 암흑 물질의 일부가 될 수는 있지만 전부가 될 수는 없을 것으로 생각되고 있다.

인공 블랙홀

미니 블랙홀은 우주 초기에만 존재할 수 있는 것일까? 상대성 이론에 따르면 블랙홀을 형성하려면 매우 높은 에너지가 필요하므로 현실적으로 불가능하다.

하지만 양자 중력 이론 후보로 거론되는 끈 이론에서 주장하는 여분 차원이 존재한다면 블랙홀을 만들기가 훨씬 쉬워질 수도 있다. 만약 끈 이론이 옳다면 현재 소립자 충돌 실험에 사용되는 가속기를 이용하여 블랙홀을 만들어 낼 가능성도 있다.

끈 이론string theory은 작고 초대칭성이 있는 끈의 진동 모형으로 모든 입자와 자연의 기본 힘을 통일적으로 설명하려는 이론이다. 끈 이론에서는 1차원인 끈의 지속적인 진동에 의해 우주 만물이 만들어진다고 가정한다. 끈 이론은 거시적 연속성을 갖는 상대성 이론과 미시적 불연속성을 갖는 양자 역학 사이에 존재하는 근본적 모순을 해결할 수 있을 것으로 기대되는 이론이다. 그런데 끈 이론에서는 10~11차원의 시공간을 상정한다. 다시 말해 우리가 생각하는 4차원 시공간 이외에 6~7차원이 숨어 있다는 것이다. 이 숨겨진 차원을 여분 차원extra dimension이라고 한다.

만약 끈 이론에서 주장하는 대로 여분 차원이 존재한다면 미니 블랙홀이 만들어지기가 더 쉬워질 수 있다. 여분 차원이 실제로 있다면, 미시적인 세계에서는 중력이 기존의 거리에 따른 역제곱 법칙보다 더 빨리 변하기 때문에 단거리에서의 중력이 매우 강해지는 효과가 나타난다. 이 때문에 일반 상대성 이론에서 유도되는 것보다 미니 블랙홀이 만들어지기가 훨씬 더 쉬워질 수 있다는 것이다. 다시 말해 1테라전자볼트(양성자 질량 에너지의 약 1000배) 정도의 에너지로도 블랙홀을 형성할 수 있다는 것이다.

이 정도의 에너지는 현존하는 입자 가속기로도 얻을 수 있다. 그렇다면 입자 가속기를 이용한 충돌 실험으로도 미니 블랙홀이 만들어질 수 있다는 이야기다. 현재 세계 최대 출력을 자랑하는 유럽핵공동연구소CERN의 대형 강입자 충돌기(LHC: Large Hadron Collider)의 충돌 에너지는 양성자 질량의 14000배에 이른다. 만약 가속기를 이용하여 블랙홀을 만든다면 인공적으로 블랙홀을 만든 셈이 된다. 그리고 인공 블랙홀이 만들어진다면 끈 이론에 대한 검증 실험이 될 수 있다. 다시 말하자면 끈 이론에서 주장하는 여분 차원의 존재 여부를 밝히는 실험이 될 수도 있는 것이다.

● 대형 강입자 충돌기는 유럽핵공동연구소에서 세운 입자 가속 및 충돌기로, 스위스 제네바 근방에 있다. 2008년 9월 10일 가동을 시작하였고, 출력은 7TeV로 세계 최대이다.

가속기 내에서 블랙홀이 만들어진 컴퓨터 시뮬레이션. 인공적으로 만들어진 미니 블랙홀은 사방으로 빠르게 호킹 복사를 하며 증발한다.

그러면 가속기 충돌 실험으로 미니 블랙홀이 만들어졌는지는 어떻게 알 수 있는가? 그것은 원시 블랙홀의 존재를 확인하는 것과 같은 방법을 사용하면 된다. 질량이 작은 미니 블랙홀은 빠르게 증발할 것이므로 호킹 복사를 통해 방출하는 갖가지 입자들의 궤적을 검출기로 탐색하여 알아낼 수 있다. 블랙홀이 호킹 복사를 통해 입자를 방출하는 모습은 방사상의 형태로 나타날 것이므로 다른 입자들이 만들어졌을 때와는 확연히 다른 모습으로 나타난다.

입자 충돌 가속기로 블랙홀이 만들어질 수 있다면 우주 선cosmic rays에 의해서도 블랙홀이 만들어질 수 있을 것이다. 어떤 물리학자들은 질량이 아주 작은 초미니 블랙홀은 우주 선에 의해서도 만들어질 수 있다고 주장한다.

그리스 크레타 대학의 테오도레 노마라스와 러시아의 안드레이 미로노프, 알렉세이 모로조프는 강력한 에너지를 띤 우주 선 입자가 지구 대기권의 분자와 충돌할 때 10마이크로그램 정도의 초미니 블랙홀이 지구 주변에 발생한다는 이론을 제시했다. 이들의 주장에 따르면 이렇게 형성된 초미니 블랙홀들은 극히 불안정하여 생성되자마자 10^{-27} 초 안에 폭발하여 사라진다고 주장한다. 이들은 이러한 블랙홀이 존재한다는 증거로 안데스 산맥과 타지키스탄의 산에서 우주 선 관측자들이 발견한 이상한 현상이 그 증거라고 말한다.

가속기 충돌 실험으로 블랙홀이 만들어질 가능성이 있다는 소식이 알려지자 "가속기 실험이 과연 안전한가?" 하는 우려를 낳기도 했다. 이것은 '가속기 안에 블랙홀이 만들어지면 모든 것들이 그 속으로 빨려 들어 가는 것 아니냐?' 하는 걱정이다. 이에 대해 호킹 복사를 예로 들어 '질량이 작은 블랙홀은 증발 효과가 커서 빠른 속도로 증발하여 사라지므로 안전하다'고 말할 수 있을 것이다.

하지만 호킹의 추론은 완벽한 양자 중력 이론에 근거한 것이 아니므로 전적으로 호킹의 이론이 옳다고 말할 수 없다고 주장할 수도 있다. 그렇다면 이론적 논란은 미루어 두고 지구로 쏟아지는 우주 선을 예로 들면 된다. 이런 우주 선들 중에는 가속기 에너지보다 훨씬 큰 수백 테라전자볼트(TeV) 범위의 것도 있는데 지구에 별다른 해를 입히지 않고 있다.

블랙홀이 한 천체로 받아들여지기까지 매우 오랜 시간이 걸렸다. 그 이유는 블랙홀은 다른 어떤 천체보다도 특이하여 과학자들 사이에 수많은 논란을 불렀기 때문이다. 하지만 여러 선구적인 물리학자들과 천문학자들, 그리고 수학자들의 노력으로 마침내 블랙홀은 그 존재를 인정받기에 이르렀다. 이 장에서는 블랙홀을 둘러싸고 벌어진 과학자들의 뒷이야기를 통해서 블랙홀이 어떤 천체이고 또 과학자들의 고뇌가 어떠했는지를 알아보자.

블랙홀에 빠진 과학자들

피에르 시몽 라플라스, 저서 《우주의 체계》에서 존 미첼의 검은 별과 같은 아이디어를 제시하다

천체로부터 탈출 속도를 연구한 프랑스의 물리학자 라플라스는 대양과 같은 천체를 축소하여 작게 만들면 탈출 속도가 빨라지므로 아주 작게 하면 광속을 넘을 것이라고 생각했습니다. 탈출 속도가 광속을 넘으면 빛이 빠져나올 수 없으므로 그 천체는 암흑이겠지요.

존 미첼, 뉴턴의 중력 이론에서 블랙홀을 예견한 지질학자

"만약 자연 속에 그 밀도가 태양보다 작지 않고, 그 지름이 태양보다 500배 이상 되는 천체가 존재한다면…… 그 천체가 내뿜는 빛은 우리에게 도달할 수 없을 것이다."

알베르트 아인슈타인, 상대성 이론이 블랙홀을 증명하다

특수 상대성 이론을 일반화하여 시간과 공간에 대한 중력의 영향을 포괄시킵니다. 시행착오 끝에 1915년 가을 아인슈타인의 장 방정식에 도달하게 됩니다.

칼 슈바르츠실트, 아인슈타인의 장 방정식을 풀다

슈바르츠실트는 복잡한 수학 방정식을 간단히 하기 위해 회전하지 않는 별을 가정하여 장 방정식을 풀어갔습니다. 그가 푼 해는 질량이 어떻게 공간을 휘게 하는지를 보여 주었습니다. 이것을 슈바르츠실트 해라 합니다.

5

6

7

8

수브라마니안 찬드라세카르, 백색 왜성이 갖는 한계 질량을 발견하다

50% 이상의 가스를 잃어버리고 남아 있는 별의 중심부가 태양 질량의 1.4배를 넘으면, 별의 반지름이 0보다 작아집니다. 질량이 큰 별의 경우에는 중력이 너무 커서 죽음을 맞이하는 순간 내부로 붕괴해 무한대의 밀도와 질량을 갖는 점, 다시 말해 블랙홀이 된다는 것을 암시했습니다.

스티븐 호킹, 블랙홀에 양자 이론을 접목하여 호킹 복사를 발견하다

블랙홀이 완전히 검지는 않으며, 실제로 입자를 방출하고 있음을 보여 주었습니다. 나아가 중력과 열역학 사이의 새로운 연관성을 발견했습니다.

야콥 베켄슈타인, 블랙홀 열역학의 창시자

블랙홀이 엔트로피를 갖는다는 사실을 발견했습니다.

아서 스탠리 에딩턴, 항성 연구의 권위자로 별의 일생을 연구하다

개기 일식 관찰을 통해 상대성 이론을 증명했습니다. 항성의 내부 구조를 이론적으로 연구하여 블랙홀이 증명되는 이론적 토대를 마련했습니다.

> 하늘에는 암흑의 천체들이 존재한다.
> 그 천체들은 항성만큼이나 크고, 항성만큼이나 많을 것이다.
>
> – 피에르 시몽 라플라스

블랙홀은 가히 인간 이성의 위대한 기념비라고 말할 수 있다. 블랙홀은 그 등장에서부터 천체로 인정받기까지 수많은 우여곡절을 겪었다. 한 과학자의 다소 엉뚱하면서도 기발한 착상에서 시작된 블랙홀 이론은 대다수의 과학자들에게 무시당한다. 하지만 뜻밖에도 다른 나라의 유명한 과학자로부터 반향을 얻는다. 그러나 그곳에서도 블랙홀 이론은 더 이상 발전하지 못하고 자취를 감추고 만다.

그리고 한 세기가 넘게 지나서 블랙홀 이론은 아인슈타인의 일반 상대성 이론의 등장과 함께 역사의 무대에 화려하게 복귀한다. 하지만 여전히 블랙홀에 대한 다른 과학자들의 거부감은 여전히 높아서 끝내 극복하지 못하고 다시 묻히고 만다. 한편 인도에서 온 젊은 천재 과학자의 놀라운 통찰력은 원로 과학자의 권위에 눌려 꽃을 피우지 못하고 사그라지고 만다.

하지만 결국 관측 기술의 발달로 더 이상 블랙홀은 부인할 수 없는 사실이 되고 마침내 블랙홀은 천체 물리학 분야의 가장 중요한 연구 대상으로 떠오르게 된다. 그리고 블랙홀에 대한 이야기는 다시 시작된다. 블랙홀의 수수께끼는 양파 껍질처럼 까고 또 까도 그 베일이 완전히 벗겨지지 않고 있기 때문이다.

미첼과 라플라스

미첼과 라플라스는 처음으로 블랙홀 이론을 제시한 사람들이다. 이 두 사람은 각각 영국과 프랑스의 과학자였고 서로 간에 교류가 없었던 것으로 보인다. 하지만 이들이 같은 결론에 도달한 것은 우연이 아니다. 그들의 이론은 모두 뉴턴의 중력 이론과 빛의 입자설에 바탕을 두고 있었기 때문이다.

블랙홀을 최초로 제안한 존 미첼은 영국의 자연 철학자이자 지질학자였다. 그의 관심 분야는 매우 다양했다. 그는 천문학으로부터 지질학, 광학, 그리고 중력에 이르기까지 광범위한 주제에 대해서 연구했다. 그는 또 이론 과학자일 뿐 아니라 실험 과학자이기도 했다.

미첼은 케임브리지에 있는 퀸스 칼리지에서 공부를 하고, 1760년에 헨리 캐번디시와 함께 왕립학회 회원으로 선출되었다. 캐번디시는 뉴턴의 만유인력 상수를 처음으로 정확하게 측정한 것으로 유명한 물리학자이다. 그런데 캐번디시가 지구의 질량을 측정할 때 사용했던 비

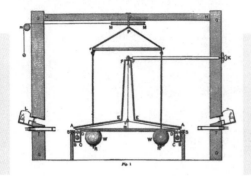

헨리 캐번디시의 비틀림 저울.
존 미첼이 만든 것을 캐번디시
가 개량한 것으로 지구의 질
량을 측정할 때 사용했다.

틀림 저울은 미첼이 만든 것을 개량한 것이었다.

미첼은 1762년에 우드워디안 지질학 교수직에 지명되었다. 1767년
에 웨스트요크셔 주 손힐의 성공회 교구목사로 부임하여 죽을 때까지
그곳에 거주했다. 그는 1783년에 런던 왕립협회에 중력이 어떻게 빛에
영향을 줄 것인가에 관한 논문을 제출했다. 이 논문에는 이렇게 쓰여
있다.

> "만약 자연 속에 그 밀도가 태양보다 작지 않고, 그 지름이 태양보다 500배 이
> 상 되는 천체가 존재한다면…… 그 천체가 내뿜는 빛은 우리에게 도달할 수 없
> 을 것이다."

미첼은 오늘날 블랙홀을 연구하기 위해 반드시 알아야 하는 일반
상대성 이론에 대해서는 아무것도 알지 못했다. 그의 계산은 오로지 뉴
턴의 광학 이론과 중력 이론을 기반으로 하고 있었다. 뉴턴의 광학 이

론에서는 빛은 눈에 보이지 않는 미립자로 구성되어 있다고 가정한다.

미첼은 '빛의 입자가 우리가 잘 알고 있는 그 밖의 다른 물체들과 마찬가지 방식으로 끌린다고 생각해 보자'라고 전제한 다음, 한 입자가 인력을 가진 천체에서 영구적으로 이탈하기 위해서는 그 천체 표면에서 특정한 최소 속도로 방출되지 않으면 안 된다고 추론했다. 이 속도는 오늘날 탈출 속도라 불린다.

어떤 천체 표면에서 탈출 속도는 그 천체의 반지름과 질량에 의해 결정된다. 미첼은 특정한 반지름을 가진 어떤 천체의 질량이 충분히 커지면 탈출 속도가 빛의 속도를 넘어서게 될 것이라는 점을 지적하며, 이런 천체에서는 빛이 빠져나올 수 없게 되므로 검게 보이게 된다고 주장했다.

하지만 미첼의 논문은 영국의 과학자들에게 별로 주목받지 못했고 더 이상 검은 별에 대해서 연구되지 않았으며 검은 별을 찾으려는 시도도 없었다. 10여 년이 지난 후에 미첼의 연구는 프랑스의 저명한 수학자이자 천문학자인 라플라스로부터 반향을 얻는다.

피에르 시몽 라플라스는 1749년에 프랑스의 노르망디에서 가난한 소작농의 아들로 태어났다. 어려서부터 뛰어난 수학적 재능을 보였다고 전해진다. 그는 이웃의 도움을 받아 교육을 받고, 수학자이자 철학자인 장 르 롱 달랑베르Jean Le Rond d'Alembert의 인정을 받아 파리로 가서 자신의 인생을 개척한 입지적인 인물이다. 그는 나폴레옹 시절에 내무장관을 지냈는가 하면 귀족 작위도 받았다.

그는 매우 뛰어난 수학자로서 라플라스 변환, 라플라스 방정식 등

수리 물리학 발전에 엄청난 공헌을 했으며 《천체역학Traité de mécanique céleste》, 《확률론의 해석 이론Théorie analytique des probabilités》 등 여러 권의 명저를 남겼다. 그는 '프랑스의 뉴턴'으로 불릴 정도로 유명한 과학자이다.

라플라스는 1795년에 저서 《우주의 체계Exposition du Systéme du monde》에서 미첼의 검은 별 이론과 같은 아이디어를 제시했다. 하지만 그의 뛰어난 명성과 지위에도 불구하고 검은 별을 진지하게 받아들인 과학자는 프랑스에 아무도 없었다.

라플라스의 검은 별 이론은 《우주의 체계》 3판 이후에는 사라졌다. 그 이유는 명시되지 않았지만 라플라스가 더 이상 빛을 입자로 취급하여 다루는 데 확신을 갖지 못했기 때문으로 보인다. 그즈음 빛을 파동으로 다루는 이론이 등장했는데, 그 영향도 있었을 것으로 짐작된다. 빛의 파동설에서는 빛을 질량이 없는 파동으로 다루며 빛은 더 이상 중력의 영향을 받지 않는다.

빛의 파동설은 1678년 네덜란드의 물리학자인 크리스티안 하위헌스Christiaan Huygens(1629~1695)에 의해 처음 제안되었다. 하위헌스는 빛의 반사와 굴절 현상을 빛의 파동설로도 설명할 수 있음을 보여 주었다. 하지만 하위헌스의 빛의 파동설은 빛의 입자설을 주장한 뉴턴의 명성과 빛이 진공에서도 전파된다는 사실로 인해 받아들여지지 않았다.[•]

빛의 파동설이 다시 힘을 얻게 된 것은 1801년 영국의 의사이자 물리학자인 토머스 영이 빛의 간섭 현상을 관측하면서 부터이다. 이후 프랑스의 물리학자 오귀스탱 장 프레넬Augustin-Jean Fresnel(1788~1827)에

• 당시까지 알려진 파동은 매질이 있어야 전파되는 탄성파였다. 이 때문에 진공 속으로는 파동이 전파될 수 없다고 생각했다.

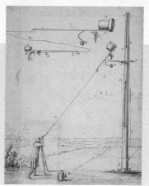

크리스티안 하위헌스의 망원경. 하위헌스는 빛의 파동설을 처음 제안하였으나 뉴턴의 빛의 입자설로 인해 받아들여지지 않았다.

의해 빛의 간섭 현상과 더불어 회절 현상도 관측되었다. 그리고 1865년에는 제임스 클러크 맥스웰이 이론적으로 빛은 전자기파임을 증명하였고 맥스웰의 주장은 독일의 물리학자 하인리히 루돌프 헤르츠Heinrich Rudolf Hertz(1857~1894)에 의해 실험적으로 입증되었다. 헤르츠는 전자기파를 발생시키고 검출하는 실험에 성공하였다. 이렇게 하여 빛의 파동설은 확고한 기반을 얻게 된다.

하지만 빛의 파동설은 20세기에 들어와 다시 입자설로부터 도전을 받게 된다. 그것도 빛이 전자기파라는 사실을 증명했던 헤르츠 실험에 의해 도전을 받는다. 헤르츠는 실험 중 금속 표면에 자외선을 쬐어 주면 전하가 방출되는 현상을 발견하였는데, 이 현상은 빛에 의해 전자가 튀어나오는 광전 효과photoelectric effect라 불리는 것이다.

헤르츠의 제자였던 필립 레나르트Philipp Lenard(1862~1947)는 광전 효과를 자세히 연구하여 1902년 튀어나오는 전자의 최대 운동 에너지가 쪼여 준 빛의 세기와 무관하다는 사실을 발견하였다. 그런데 이 현상은 빛의 파동설로는 설명할 수가 없었다. 광전 효과는 1905년에 아인슈타인에 의해 빛을 입자로 생각한 광양자설로 설명되었다. 이후 빛은 입자성과 파동성을 모두 갖는 것으로 받아들여지게 되었다.

아인슈타인과 슈바르츠실트

미첼이 처음 제안했던 블랙홀 이론을 다시 역사의 무대로 끌어올린 사람은 슈바르츠실트이다. 슈바르츠실트 블랙홀 이론은 아인슈타인의 장 방정식에 기반하고 있다. 슈바르츠실트는 아인슈타인의 중력장 방정식에 관심을 갖고 있었고, 그 방정식이 발표되자 바로 별에 적용하여 블랙홀을 재발견했다. 하지만 아인슈타인은 자신의 방정식이 풀렸다는 소식에 놀라워하면서도 블랙홀은 선뜻 인정하지 못했다.

알베르트 아인슈타인은 상대성 이론을 통해 현대 물리학에 지대한 영향을 끼친 과학자이다. 아인슈타인은 1905년에 빛이 에너지 덩어리로 구성되어 있다는 광양자설과 물질이 원자 구조로 이루어져 있다는 브라운 운동 이론, 시공간에 대한 기존 입장을 완전히 뒤엎은 특수 상대성 이론 논문을 발표하였다. 이 논문들은 두 달 동안 작성된 것이지만 세 편 모두 뛰어난 것으로, 사람들의 인식에 커다란 전환을 가져왔다.

특히 특수 상대성 이론은 갈릴레이와 뉴턴의 역학을 송두리째 흔들어 놓았고, 기존의 시간과 공간의 개념을 근본적으로 변혁시켰으며,

질량과 에너지 등가성의 발견은 원자 폭탄의 개발로 이어졌다.

그 후 아인슈타인은 특수 상대성 이론을 일반화하여 시간과 공간에 대한 중력의 영향을 포괄시키기 위해 노력한다. 수많은 시행 착오를 거친 끝에, 1915년 가을 아인슈타인은 마침내 일련의 방정식에 도달하게 되었다. 그리고 그해 11월 2일 아인슈타인은 베를린에 있는 프로이센 과학아카데미에서 그 방정식을 발표했다. 이 방정식은 오늘날 아인슈타인의 장 방정식이라 불린다.

한편 포츠담 관측소 소장이던 칼 슈바르츠실트는 중력에 대한 아인슈타인의 연구를 계속 주시하고 있다가 11월 25일자 〈프로이센 과학아카데미 회보〉에서 장 방정식을 발견하고 별에 적용하였다. 그는 질량이 구대칭 분포를 갖는 경우 중력이 어떤 특성을 보이는가에 대하여 계산해 보았다.

아인슈타인의 장 방정식은 매우 복잡하여 풀기가 무척 어려웠는데, 슈바르츠실트는 복잡한 수학 방정식을 간단히 하기 위해 회전하지 않는 별을 가정하여 장 방정식을 풀어갔다. 그는 곧 별의 외부, 그리고 몇 주 후에는 별의 내부에서 일어나는 현상들에 대한 답을 찾았다. 그는 최초로 아인슈타인의 중력 방정식을 풀었고, 그가 푼 해는 질량이 어떻게 공간을 휘게 하는지를 보여 주었다. 이것을 슈바르츠실트 해라 한다.

아인슈타인은 1916년 1월 16일에 슈바르츠실트가 보내온 논문을 읽었다. 아인슈타인은 깜짝 놀랐다. 중력장 방정식을 푸는 것이 대단히 어렵다는 것을 이미 알고 있었으므로, 방정식의 해가 이렇게 정확하게 구해질 수 있을 것이라고 전혀 기대하지 않고 있었기 때문이다.

아인슈타인은 이미 별빛이 태양 주위에서 얼마나 구부러질지 계산한 바 있었지만 그것은 근사적인 계산이었다. 그 계산은 근사적인 계산으로도 충분했는데, 태양 근처에서의 중력은 약하고 빛이 구부러지는 각도가 작기 때문이었다. 아인슈타인은 슈바르츠실트에게 답장을 썼다.

"당신이 보내 준 논문을 매우 흥미 있게 읽었습니다. 나는 이렇게 간단한 방법으로 중력장 방정식의 해를 끌어낼 수 있으리라고 생각하지 못했습니다."

그때 슈바르츠실트는 독일에 있지 않고 전선에 있었다. 독일이 1차 세계 대전을 일으키자 그는 자원 입대하여 독일 육군의 포병 장교로 동부 전선에 배치되어 러시아와 전투를 벌이고 있었다.

슈바르츠실트는 전쟁 중에 '펨피거스'라는 피부병에 걸렸다. 피부에 물집이 생기고 방치하면 수포가 터져 출혈과 통증을 동반하는 질병으로 당시에는 완치가 불가능한 불치병이었다. 그는 전쟁과 질병이라는 악조건 속에서 틈틈이 아인슈타인의 중력장 방정식과 씨름하여 답을 얻어냈고, 그 계산 결과를 베를린에 있는 아인슈타인에게 보냈던 것이다. 아인슈타인은 슈바르츠실트를 대신하여 베를린에 있던 프로이센 과학아카데미에 제출했다.

슈바르츠실트가 구한 해는 특정한 분포로 발생하는 물질의 중력장을 보여 주는데, 멀리 떨어진 거리에서는 뉴턴의 중력 법칙으로 환원되지만 이상한 임계 반경(슈바르츠실트 반지름)이 존재하여 시공간을 왜곡시키고 있었다. 슈바르츠실트는 아인슈타인의 중력장 방정식을 푸는 선도적 역할을 하여 블랙홀 개념을 현대적으로 부활시켰다.

아인슈타인은 시간이 무한히 확장되는 이 임계 반경의 존재를 물리학으로는 도저히 해결할 수 없는 비물리학적인 문제로 받아들였다. 이 임계 반경에서 빛은 무한히 적색 편이되므로 그 항성에서 멀리 떨어져 있는 관찰자는 실제로 아무것도 볼 수 없게 된다. 이는 항성 표면이 아무리 뜨겁게 불타고 있다 하더라도 멀리 떨어진 관찰자에게는 검게 보인다는 뜻이다.

그런데 매우 흥미로운 사실은 '슈바르츠실트Schwarzschild'라는 이름이 그것을 암시하고 있었다는 것이다. '슈바르츠schwarz'는 독일어로 '검다'는 뜻이고, '실트schild'는 '가리다'라는 뜻이다. 따라서 '슈바르츠실트Schwarzschild'는 '검은 차폐물,' 다시 말해 '블랙홀'을 의미하는 셈이다. 하지만 안타깝게도 슈바르츠실트는 아인슈타인의 답장을 받은 몇 달 후 전쟁터에서 얻은 병으로 세상을 떠나고 말았다.

1916년에 아인슈타인은 슈바르츠실트 해가 이런 수수께끼 같은 특성을 가지고 있다는 사실을 잘 알고 있었지만 당시에는 전혀 진지한 문제로 받아들이지 않았다. 태양의 반지름은 70만km로 슈바르츠실트 반지름보다 거의 50만 배나 더 크고, 슈바르츠실트 해는 태양 내부의 영역에는 적용되지 않는다. 시간을 크게 뒤틀리게 하려면 태양은 지구보다 작은 크기로 줄어들어야 하는데, 당시로서 이것은 터무니없는 생각이었다.

하지만 진취적인 과학자는 그렇게 생각하지 않는다. 지구나 태양이 슈바르츠실트 반지름보다 훨씬 큰 것은 분명하지만 무한한 시간 지연을 일으킬 만큼 충분히 질량이 크거나 밀도가 높은 천체들도 존재할 수 있지 않을까?

더욱 특이한 점은 슈바르츠실트 반지름과 질량 관계식은 미첼과 라플라스의 식과 완전히 일치한다는 것이다. 하지만 아인슈타인은 요지부동이었다. "물질은 마음대로 응축될 수 없기 때문에 무한한 시간 지연은 자연 속에서 일어날 수 없다"고 주장했다.

에딩턴과 찬드라세카르

에딩턴과 찬드라세카르는 영국 케임브리지 대학원에서 스승과 제자로 만났다. 두 사람의 만남은 처음에는 좋은 인연이었지만 나중에는 악연이 되었다. 항성 연구의 선구자인 에딩턴은 찬드라세카르를 천체 물리학으로 이끈 스승이었다. 하지만 천체 물리학에서 두각을 나타내던 찬드라세카르는 스승으로 인해 좌절을 겪고 미국으로 건너가게 된다. 그리고 50년이 지난 후 마침내 그 공로를 인정받는다.

항성 연구의 권위자인 천체 물리학자 아서 스탠리 에딩턴은 영국 컴브리아 주 켄달에서 퀘이커교도의 아들로 태어났다. 그는 1898년 16세의 나이로 맨체스터의 오언즈 대학교에 입학하여 물리학을 공부했고, 1913년 케임브리지 대학교 교수, 다음해 같은 대학 천문대장에 취임하였다.

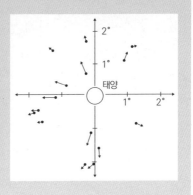

태양의 중력에 의한 별들의 위치 변화. 화살표의 원점은 태양이 없을 때의 별들의 위치이고, 화살표는 개기일식 때 별들이 이동한 방향과 이동 정도를 나타낸다. 그 결과는 오차 한계 내에서 일반 상대성 이론의 예측값과 일치했다. 에딩턴은 이 관측 결과를 1919년 11월 6일 왕립학술회의에서 발표했다.

에딩턴은 일반 상대성 이론에 관한 많은 논문을 썼으며 1919년 5월 29일에 일어난 일식을 관측하여 일반 상대성 이론이 옳다는 것을 증명하여 국제적인 명성을 얻었다. 상대성 이론과 관련하여 그 해 11월 6일 영국왕립학회 회의에서 있었던 다음과 같은 일화가 전해 온다. 상대성 이론 전문가를 자처하는 루드비히 실버스타인Ludwig Silverstein이 "상대성 이론을 실제로 이해한 사람은 이 세상에 세 사람밖에 없다"고 말하며 에딩턴을 지목하였다. 그때 에딩턴은 아무런 대꾸도 하지 않고 조용히 앉아 있었는데 실버스타인이 그를 보고 "사실이니 부끄러워할 일이 아니다"라고 말하자 에딩턴은 "부끄러워하는 게 아니라 그 세 번째 사람이 누구인지 생각 중입니다"라고 대답하여 좌중을 웃게 만들었다는 것이다.

에딩턴은 1916년부터 항성의 내부 구조에 대해 이론적으로 연구하였다. 그는 항성은 유체 정역학적 평형 상태를 유지한다는 가정을 세

우고, 온도와 밀도 분포를 산정해 질량과 광도 관계를 증명했다.

수브라마니안 찬드라세카르는 1930년에 인도에서 대학을 졸업하고 인도 정부에서 지원하는 국비 장학생으로 선발되어 영국으로 가게 된다. 영국 케임브리지 대학원에서 별에 대한 공부를 할 작정이었다. 그는 에딩턴이 쓴《별들의 내부 구성The Internal Coustitution of Stars》(1926)을 탐독하였다. 이 책은 당시까지 밝혀진 별에 관한 최신 정보, 별의 압력과 중력, 별의 크기와 밝기 그리고 온도, 복사 에너지와 별 내부의 핵반응 과정 등이 상세히 기술된 천체 물리학의 고전이었다. 그 책은 별에 관한 물리학적 원리를 수학 방정식으로 만든 다음, 그 방정식을 풀어서 물리학적으로 해석했다.

핵융합 연료를 다 써버린 별은 백색 왜성이 되어 천천히 식어 간다는 이론을 공부하던 그는 다음과 같은 의문을 품었다. "별의 일생은 백색 왜성 단계에서 끝난다고 하는데 질량에 상관없이 별의 종착점이 백색 왜성이 될까? 수리 물리학적 방법으로 계산해 보면 어떨까?"

그는 백색 왜성의 중심부는 밀도가 매우 높고 중력이 강해서 상대성 효과가 발생할 것이라는 기대를 갖고 영국으로 가는 배를 타고 장시간 항해를 하는 동안 계산에 몰두했다. 배가 영국에 도착하기 전에 그는 방정식을 풀어냈다. 그런데 결과는 에딩턴의 주장과 달랐다. 그가 얻어낸 결과에서는 남은 별의 질량이 어떤 한계값을 넘으면 백색 왜성이 파괴된다는 것이었다. 계산에 따르면 백색 왜성이 태양의 1.4배 이상의 질량을 가질 경우 안정된 상태를 유지할 수 없고, 자체 붕괴되며 그 붕괴에 어떠한 한계도 없다는 것이다. 이 한계 질량은 별의 일생을 구분 짓는 경계선이 되었는데, 이것을 찬드라세카르 한계라고 부른다.

그는 50% 이상의 가스를 잃어버리고 남아 있는 별의 중심부가 태양 질량의 1.4배를 넘는 경우, 별의 반지름이 0보다 작아진다는 것을 알았다. 이것은 질량이 큰 별의 경우에는 중력이 너무 커서 죽음을 맞이하는 순간 내부로 붕괴해 무한대의 밀도와 질량을 갖는 점, 다시 말해 블랙홀이 된다는 것을 암시했다. 15년 전에 슈바르츠실트가 예견했던 특이점이 되는 것이었다.

연료를 다 써버려 더 이상 중심에서 핵융합 반응을 지속하지 못하는 별은 자신의 중력을 이기지 못하고 수축하게 된다. 그러다가 슈바르츠실트 반지름보다 작아지면 별은 중력적으로 붕괴해 내부로 완전히 찌그러져 버린다. 부피가 0이고 밀도가 무한대인 슈바르츠실트 특이점이 별의 최후가 된다.

영국에 도착한 찬드라세카르는 영국의 천문학자들에게 자신의 계산 결과를 보여 주었다. 그러나 그들은 모두 찬드라세카르의 발견을 그리 대수롭지 않은 이상한 계산으로 간주했다. 일반적인 백색 왜성은 높은 밀도에도 불구하고 슈바르츠실트 반지름의 수천 배에 달했다. 태양 정도의 질량을 가진 항성이 지름이 수킬로미터에 불과한 작은 구로 압축될 수 있다는 개념은 많은 사람들에게 믿을 수 없는 이야기로 들렸다. 사실 그것은 명백한 모순이었다.

찬드라세카르는 영국에 도착한 후 1년에 걸쳐 계산한 결과를 1930년에 〈이상적인 백색 왜성의 최대 질량〉이라는 논문을 통해 백색 왜성의 질량은 태양 질량의 1.4배를 넘을 수 없다는 것을 밝혔다. 하지만 논문에 대한 반응이 신통치 않자 찬드라세카르는 계산 과정에 어떤 실수가 있던 것은 아닌가 하고 반복해서 검토해 보았지만 별다른 문제점을 찾을 수 없었다. 케임브리지 대학의 교수진도 혼란스러워하기는 마찬가지였다. 그들은 찬드라세카르의 결과를 무시하거나 외면함으로써 혼란을 끝내기를 원했다. 그는 이후 박사 학위를 받을 때까지 이 문제를 접어두게 된다.

그는 박사 학위를 마친 후 다시 이 문제에 도전하였다. 컴퓨터를 이용할 수 있게 된 그는 다양한 밀도를 갖는 별에 대해서 상대성 이론과 양자 역학을 적용하여 연구하기 시작했다. 4개월 후 그 결과를 발표했지만 에딩턴의 반대로 다시 사장되게 된다.

한편 러시아의 물리학자 레프 다비도비치 란다우Lev Davidovich Landau(1908~1968)도 찬드라세카르와 동일한 결과를 독자적으로 유도했다. 란다우 역시 찬드라세카르와 마찬가지로 그 결과를 분명하게 해석해 내지는 못하였다. 그는 중성자별을 예언하며 이 결과는 상당히 의미심장하므로 진지하게 고찰할 필요성이 있지만, 새로운 물리학이 나와야만 그 비밀이 밝혀지리라고 보았다.

1934년 찬드라세카르는 한 학술 모임에서 별의 질량과 일생에 관한 논문을 발표했다. 뒤이어 단상에 오른 에딩턴은 찬드라세카르의 주장을 전면 부정했다. 1935년 천문학회 모임에서 에딩턴은 찬드라세카르 이론에 대해 신랄하게 비판했다. 물리학자들은 찬드라세카르의 주장에 동조했으나 에딩턴의 권위에 눌려 기를 펴지 못했다. 찬드라세카르는 결국 백색 왜성에 대한 연구를 포기할 수밖에 없었다. 그는 1936

년 영국을 떠나 미국으로 건너가 시카고 대학의 교수가 되었다. 1930 년대 후반이 되어서야 에딩턴의 실수가 확인되고 이후의 연구를 통해 별의 죽음에 관한 보다 자세한 결과들이 알려졌다. 찬드라세카르는 그로부터 50년 후인 1983년에 그 공로를 인정받아 노벨상을 받았다.

호킹과 베켄슈타인

블랙홀 연구의 권위자인 호킹은 미국 프린스턴 대학에서 휠러의 지도를 받던 베켄슈타인과 엔트로피 논쟁을 벌인다. "블랙홀이 엔트로피를 갖는다"는 베켄슈타인의 주장에 반대하던 호킹은 베켄슈타인이 자신이 발견한 '사건의 지평선 증가 법칙'이 그 증거라고 주장하자 화를 낸다. 하지만 결국 그 덕분에 "블랙홀이 검지 않다"는 블랙홀의 가장 놀라운 특성을 발견한다.

스티븐 호킹은 2009년까지 케임브리지 대학의 루카스 수학 석좌 교수로 재직한 영국의 이론 물리학자이다. 그는 갈릴레오 갈릴레이, 아이작 뉴턴, 알베르트 아인슈타인의 계보를 잇는 물리학자로, 우주론과 양자 중력의 연구에 크게 기여했으며, 자신의 이론 및 일반적인 우주론을 다룬 여러 대중 과학서를 저술했다. 그중 《시간의 역사》는 런던 〈선데이 타임스〉 베스트셀러 목록에 최고 기록인 237주 동안 실렸다. 그의 중요한 과학적 업적은 로저 펜로즈와 함께 일반 상대론적 특이점에 대한 여러 정리를 증명한 것과 블랙홀이 열복사를 방출한다는 사실을 밝혀낸 것을 들 수 있다.

　스티븐 호킹은 1942년 1월 8일 갈릴레오 갈릴레이가 세상을 떠난지 300주년이 되는 날 태어났다. 10대 시절 그는 친구들과 초감각 지각을 실험하고 원시적 컴퓨터를 만드는 등 과학에 상당한 흥미를 보였다.

　고등학생이 된 그는 앞으로의 진로에 대해 고민하기 시작한다. 이미 과학에 대해 상당한 흥미를 느끼고 있었기에 과학자로서의 삶은 정해진 길이었으나 전공에 대한 고민은 계속되었다. 그는 의사인 아버지와 달리 생물학에는 큰 관심을 보이지 않았고 물리학을 '모든 과학의 근본'이라고 생각하였지만 수학에 대한 애정도 컸기에 쉽사리 결정을 하지 못했다.

　그때 그의 아버지는 자신의 모교인 옥스퍼드 대학에 보내고 싶어 했는데 당시 옥스퍼드 유니버설 칼리지에는 수학 전공이 없었다. 그래서 1959년 10월 17세의 나이로 물리학과에 입학하게 되었다. 그리고 3년 후 케임브리지 대학원에 입학하면서 우주론에 발을 들여놓게 된다.

　스티븐 호킹은 케임브리지 대학원에 재학 중이던 21세 때, 근육 및 신경계 난치병인 근위축성 측색경화증(루게릭병)을 앓게 되었다. 의사들은 그가 2년밖에 더 살지 못할 것이라고 했지만 다행히 예상은 빗나갔다. 하지만 손발을 움직일 수 없게 된 탓에 휠체어에 의지해야 했고, 손을 써서 계산하는 것은 불가능하게 되었다. 호킹은 이를 극복하기 위해 복잡한 물리학 및 수학 공식들을 일일이 암기하여 계산하는 법을 익히게 되었는데, 이는 대단히 놀라운 능력이어서 그의 동료 연구원들도 감탄하게 되었다.

호킹은 32세이던 1974년 5월 2일 왕립학회에 역사상 가장 젊은 회원으로 추대된다. 스티븐 호킹은 이미 중력에 대한 연구로 훌륭한 평판을 얻고 있었다. 그는 펜로즈의 수학적 통찰에 의해 촉발된 중력 연구의 부활에 주도적인 역할을 했고, 블랙홀의 여러 성질들을 밝혀냈다. 블랙홀이 실제로 존재한다는 아이디어가 진지하게 받아들여지기 시작했다.

그는 점점 쇠약해져서 책을 들어 올릴 수도 없었고, 심지어 페이지를 넘길 수도 없었지만 미국의 물리학자 리처드 파인만Richard Feynman(1918~1988)과 프리먼 다이슨Freeman Dyson(1923~)의 이론을 아인슈타인의 상대성 이론과 연결시키는 새로운 통찰을 얻어냈다. 그는 블랙홀이 완전히 검지는 않으며, 실제로 입자를 방출하고 있음을 보여 주었다. 나아가 그는 중력과 열역학 사이의 새로운 연관성을 발견했다. 다이슨은 이 개념상의 업적을 "물리학의 가장 위대한 통일적 아이디어 가운데 하나"라고 평가했다. 호킹이 이와 같은 업적을 쌓은 데는 베켄슈타인과의 논쟁이 중요한 역할을 했다.

야콥 베켄슈타인은 블랙홀 열역학의 기초를 세우고 정보와 중력 간의 연관성을 밝히는 데 공헌한 이스라엘의 이론 물리학자이다. 그는 1947년에 멕시코의 수도인 멕시코시티에서 태어났다. 브룩클린에 있는 폴리텍 대학에서 학부를 마쳤고 1972년에 프린스턴 대학에서 박사 학위를 받았다. 그의 지도 교수는 존 휠러였다. 그는 현재 이스라엘에 있는 예루살렘 히브리 대학의 이론 물리학 교수이다. 베켄슈타인은 1972년에 최초로 블랙홀이 잘 정의된 엔트로피를 갖는다는 제안을 하였다. 그는 또한 블랙홀을 포함하는 계에 대한 블랙홀 열역학으로 일반화된 열역학 제2법칙을 정식화하였다.

호킹은 양자 이론을 우주론과 조화시키는 문제에 대해 많은 노력을 기울였다. 이 문제는 아직도 논란거리로 남아 있지만 블랙홀의 호킹 복사의 중요성은 널리 인정받았다. 하지만 이 아이디어는 블랙홀은 아무것도 방출하지 않는다는 기존의 개념과 정반대의 내용이었기 때문에 당시에는 받아들이기 힘들었다.

실제로 호킹이 이러한 아이디어를 옥스퍼드에서 열린 학회에서 처음 제시했을 때, 학회의장이었던 존 테일러John Taylor는 공공연하게 반대했을 뿐 아니라, 곧바로 폴 데이비스Paul Davies와 함께 그 아이디어를 '반박하는' 논문을 발표하기도 했다. 러시아의 야콥 보리소비치 젤도비치를 비롯한 다른 학자들이 호킹의 주장을 확신하게 되는 데는 1년 넘는 시간이 걸렸다.

오늘날 블랙홀 증발이라는 개념은 그것이 실제로 관측되고 안 되고를 떠나서 중력에 대한 새로운 이해를 끌어낸 놀라운 발견으로 평가된다.

블랙홀은 매우 불가사의한 천체일 뿐 아니라 매우 역설적인 천체이기도 하다. 한 가지 의문이 풀리면 또 다른 의문이 꼬리를 물고 이어지기 때문이다. 블랙홀이 엔트로피를 갖는다는 사실이 밝혀지자, 곧이어 블랙홀이 증발한다는 주장이 등장했다. 그리고 블랙홀이 증발한다는 주장은 블랙홀의 정보 상실 논쟁을 불러왔다. 이 논란은 호킹의 번복으로 일단락된 것처럼 보이지만 여전히 다른 문제를 안고 있다. 블랙홀에 대한 가장 근본적인 의문은 특이점 자체에 대한 것이다. 그것은 특이점이 우주의 끝이냐, 아니면 다른 우주로 나가는 문이냐 하는 것이다.

블랙홀은 우주의 끝인가

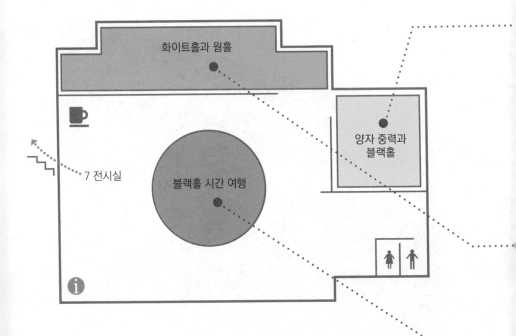

우주는 우리가 수수께끼를 풀 수 있도록 계속 힌트를 던져 주고 있습니다. 최근 천문학자들이 많은 관심을 갖고 집중적으로 연구하고 있는 '감마선 폭발' 현상도 그중 하나지요. 감마선 폭발은 아직 그 정체가 분명하게 밝혀지지 않은 수수께끼의 복사선입니다. 이 복사선은 이 세상에서 방출되는 그 어떤 빛보다 강하며, 그 어떤 빛보다 먼 우주의 끝에서도 오고 있습니다. 천문학자들은 이 빛의 정체를 밝히기 위해 불철주야 노력하고 있는데, 그 빛의 배후에 블랙홀이 있을 것으로 예상합니다.

양자 중력과 블랙홀

블랙홀에 대해 아직 밝혀지지 않은 많은 의문들이 남아 있지만 그중에서 가장 큰 의문은 블랙홀 중심부의 시공간에 관한 것이다. 일반 상대성 이론을 적용하면 블랙홀 중심부의 시공간은 무한대의 곡률로 휘어져서 구멍이 뚫리게 된다. 바로 '시공간의 특이점'이라 부르는 점이다. 특이점에 일반 상대성 이론을 적용하여 얻을 수 있는 결론 중 하나는 이 점이 시간의 종착점이라는 것이다. 사건의 지평선을 넘어서는 물체는 블랙홀의 중심으로 여지없이 빨려들어가고, 그곳에는 물체의 미래라는 것이 존재하지 않기 때문에 블랙홀의 중심부는 시간의 최종 종착지로 간주될 수 있다.

화이트홀과 웜홀

화이트홀은 블랙홀의 반대 개념으로 생겨난 이론상의 천체이다. 블랙홀이 물질을 집어 삼킨다면 반대로 나오는 것도 있어야 한다는 생각에서 등장한 것이 화이트홀이다. 물리학적으로 화이트홀은 블랙홀의 시간적 반전에 해당한다. 다시 말해 블랙홀을 시간 반전해서 블랙홀로 빨려 들어간 천체들이 다시 빠져나오는 것이 화이트홀이다. 한편 '블랙홀'의 명명자인 휠러는 "블랙홀과 화이트홀의 사건의 지평선 내부를 잘라내고 서로 연결하면 어떻게 될까"라는 생각을 했다. 이렇게 하여 등장한 것이 '웜홀'이다. 웜홀은 시공간에 하나의 특이점만 갖는 블랙홀 대신 물질이 들어오는 입구와 물질이 나가는 출구를 갖는다.

블랙홀 시간 여행

일반 상대성 이론이 시간 여행을 허용하고 있을지 모른다는 최초의 암시는 1949년에 수학자 쿠르트 괴델에 의해 처음 알려졌다. '불완전성의 정리'로 유명한 괴델은 아인슈타인과 만년을 함께 보내면서 일반 상대성 이론을 접하고 일반 상대성 이론이 허용하는 새로운 시공을 발견했다. 괴델이 발견한 시공은 우주 전체가 회전하고 있어서 원래의 시점으로 되돌아올 수 있으리라는 기대를 갖게 했다. 하지만 괴델이 발견한 해는 당시 우리 우주와 일치하지 않는 것으로 생각되어 주목받지 못했다.

> 끝과 시작은 항상 거기에 있었네.
> 시작 이전에, 그리고 끝 이후에.
> 그리고 그 모두는 항상 지금이네. **"**
> – T. S. 엘리엇(영국의 시인)

블랙홀에 대한 의문은 끝이 없다. 슈바르츠실트가 아인슈타인의 장 방정식을 이용해 블랙홀을 재발견한 이래 블랙홀에 대한 의문은 꼬리에 꼬리를 물고 이어지고 있다.

슈바르츠실트가 찾아낸 사건의 지평선과 특이점은 물리학자들과 천문학자들, 그리고 수학자들의 노력으로 어느 정도 이해하게 되었다. 하지만 여전히 우리는 사건의 지평선 너머에 존재하는 특이점의 정체가 무엇인지 모른다. 다시 말해 그것이 시간의 끝인지 우주의 끝인지 아니면 다른 우주로 나가는 문인지 정확히 모르고 있다는 것이다. 일부 과학자들은 블랙홀의 특이점을 진정으로 이해하려면 중력을 양자론적으로 다루는 양자 중력 이론을 개발해 적용해야 한다고 주장한다. 하지만 아직 양자 중력 이론은 완성되지 않았다.

다른 한편으로 우주는 우리가 수수께끼를 풀 수 있도록 계속 힌트를 던져 주고 있다. 최근 천문학자들이 많은 관심을 갖고 집중적으로 연구하고 있는 '감마선 폭발' 현상도 그중의 하나다. 감마선 폭발은 아직 그 정체가 분명하게 밝혀지지 않은 수수께끼의 복사선이다. 이 복사선은 이 세상에서 방출되는 그 어떤 빛보다 강하고, 그 어떤 빛보다 먼 우주의 끝에서도 오고 있다. 천문학자들은 이 빛의 정체를 밝히기 위해 불철주야 노력하고 있는데, 그 빛의 배후에 블랙홀이 있을 것으로 예상한다.

상상하기를 좋아하고 이야기 만들어 내기를 즐기는 사람들에게는 상대성 이론이나 블랙홀은 더없이 좋은 소재이다. 블랙홀의 반대 개념으로 화이트홀이 등장하였는가 하면 블랙홀과 화이트홀을 연결한 웜홀을 상상하는 사람도 있다. 또 웜홀을 이용하여 먼 우주로의 여행을 상상하기도 하고 미래나 과거로의 시간 여행time travel을 꿈꾸기도 한다. 그리고 이러한 상상은 SF 소설이나 영화의 단골 소재가 된 지 오래다. 이런 일은 과연 가능한가? 가능하다면 어떤 방법으로 가능할 것인가?

감마선 폭발과 블랙홀

감마선 폭발(GRB: gamma ray burst) 은 오늘날 우주에서 관측되는 가장 밝게 빛나는 천체 현상이다. 천문학자들은 이 현상이 블랙홀과 관련이 있는 것으로 보고 있지만, 아직 감마선 폭발이 정확히 어떤 과정으로 일어나는지 밝혀내지 못하고 있다.

• 감마선 폭발은 천문학 분야에서 발견된 가장 광도가 높은 물리적 현상이다. 폭발의 순간 나오는 빛은 짧은 파장의 전자기파로 대부분이 감마선 영역이어서 감마선 폭발이라는 이름이 붙었다.

핵실험을 감시하기 위해 띄운 미국의 벨라 위성.

감마선 폭발이 일어나면 감마선이 몇 초에서 몇 시간 동안 섬광처럼 방출되고 이후에는 X선, 자외선, 가시광선, 적외선 순으로 파장이 긴 빛들이 잇달아 방출된다. 이렇게 감마선 폭발의 뒤를 따라 방출되는 빛들을 후광이라고 부르는데, 감마선 폭발 직후부터 나타나 수주에서 수개월에 걸쳐 지속되기도 한다.

우주에서 지구로 날아오는 감마선은 지구 대기에 의해 차단되기 때문에 감마선 폭발은 대기권 밖에서만 관측할 수 있다. 이러한 이유로 감마선 폭발을 처음 관측한 것은 1960년대 말 대기 중 핵실험을 감시하기 위해 띄운 미국의 벨라Vela 위성이었다.

과학자들이 감마선 폭발에 대해 가진 의문은 "감마선 폭발의 근원이 어디냐?" 하는 것과 "감마선 폭발 메커니즘이 무엇이냐?" 하는 것이었다. "폭발의 근원이 어디냐?"는 것은 폭발이 '가까운 곳(이를테면

감마선 폭발의 상상도. 오늘날 우주에서 빈번히 관측되는 감마선 폭발은 블랙홀과 관련이
있는 것으로 생각된다.

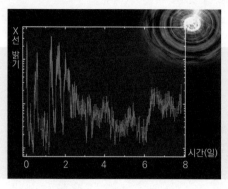

감마선 폭발 후의 X선 강도 변화. GRB 110328A는 2011년 3월 28일 첫 번째로 관측된 감마선 폭발로서 매우 강한 X선이 수일간에 걸쳐 방출되었다.

태양계나 우리 은하)'에서 일어났느냐 아니면 '먼 곳'에서 일어났느냐 하는 것인데 근원이 어디인가에 따라 폭발의 위력이 달라지므로 '폭발의 메커니즘'도 달라질 수밖에 없다. 폭발의 근원이 먼 곳에 있다면 그 거리가 멀수록 폭발의 위력이 더 커져야 하므로 더 큰 에너지를 방출할 수 있는 메커니즘이 되어야 하기 때문이다.

감마선 폭발이 본격적으로 연구되기 시작한 것은 1990년대 이후이다. 1991년 4월, 미국항공우주국(NASA)은 감마선 폭발을 감지하여 그 위치를 정밀하게 찾을 수 있는 장비를 실은 콤프턴 감마선 관측대(CGRO: Compton Gamma Ray Observatory)를 쏘아올렸다. CGRO는 매일 2, 3개의 감마선 폭발을 감지하여 폭발 위치를 추적하였는데, 분석 결과 폭발원들이 천구상에서 완전히 무작위적으로 분포한다는 사실을 알게 되었다. 이것은 감마선 폭발이 먼 우주에서 일어나고 있음을 말해 주는 것이다. 만약 폭발이 우리 은하 안에서 일어나고 있었다면 폭발원들은 하늘에 걸쳐 있는 우리 은하면을 따라서 더 많이 분포해야 할 것이기 때문이다.

감마선 폭발의 세기는 빠르게 변한다. 이것은 폭발원이 아주 작다는 것을 의미한다. 이러한 광도 변화를 초래한 원인이 무엇이었든 상관없이 그 변화가 천체의 끝에서 끝까지 광속보다 빠르게 가로질러 전파될 수는 없기 때문이다. 다시 말해 폭발원의 크기는 강도 변화의 주기 동안 빛이 주파하는 거리보다 클 수 없다는 것이다.

현재 감마선 폭발을 설명하는 이론으로 두 가지 가설이 지지를 얻고 있는데, 첫 번째 가설은 극대거성이 극초신성 폭발을 일으킬 때 발생한다는 것이다. 다시 말해 태양보다 100배 이상 무거운 극대거성이 일생을 마치고 극초신성이 될 때 블랙홀이 형성되는데 이때 감마선 폭발이 일어난다는 것이다.● 감마선 폭발이 초신성과 관련이 있다는 직접적인 증거도 있다. 초신성 폭발 과정에서 합성되는 무거운 원소들은 매우 불안정한 것이 많아서 극히 짧은 시간에 붕괴하며 방사선을 방출하므로 초신성은 폭발 며칠 후나 몇 주 후에 더 밝게 빛나는 경우가 많다. 두 번째 가설은 서로 쌍을 이루고 있던 중성자별과 중성자별이 충돌하여 블랙홀이 만들어지거나, 중성자별이 블랙홀과 충돌하여 빨려들 때 감마선 폭발이 발생한다는 것이다.

2004년 11월에는 미국항공우주국에서 감마선 관측 위성인 스위프트Swift를 쏘아 올려 매주 두 개꼴로 감마선 폭발을 발견하고 있고, 스위프트와 연계된 지상의 망원경들은 감마선 폭발의 후광을 관측하고 있다. 스위프트 관측으로 이제 감마선 폭발은 우주에서 가장 밝은

● 극초신성 폭발을 일으킨 별의 핵은 블랙홀을 형성하며 양극 방향으로 격렬한 제트를 방출하는데, 이것이 감마선 폭발의 한 원인으로 생각된다.

감마선 관측 위성 스위프트. 2004년 미국항공우주국에서 쏘아 올린 감마선 관측 위성으로, 지상 600km 상공에서 약 90분 주기로 지구 주위를 돌면서 우주에서 오는 감마선 폭발을 관측한다.

천체 현상일 뿐 아니라 가장 먼 거리에서 일어나는 천체 현상® 이라는 기록을 세웠다.

관측 자료가 축적되면서 감마선 폭발이 생각보다 복잡한 현상일 가능성이 커지고 있다. 감마선 폭발은 폭발 지속 시간이 긴 것과 짧은 것으로 나뉜다는 의견도 있다. 긴 폭발은 초신성으로 인한 것이라는 것이 일반적인 생각이지만, 짧은 폭발은 이와는 완전히 다른 메커니즘으로 일어나는지는 알 수 없다. 아직은 자료들이 불충분하여 여러 가지 의문들이 남아 있다.

● 2009년 4월 23일에 스위프트가 관측한 감마선 폭발(GRB 090423)은 약 130억 년 전에 일어난 사건으로 밝혀졌다.

양자 중력과 블랙홀
· · · · · · · · · ·

블랙홀에 대해 아직 밝혀지지 않은 많은 의문들이 남아 있지만 그중에서 가장 큰 의문은 블랙홀 중심부의 시공간에 관한 것이다. 일반 상대성 이론을 적용하면 블랙홀 중심부의 시공간은 무한대의 곡률로 휘어져서 구멍이 뚫리게 된다. 바로 '시공간의 특이점'이라 부르는 점이다.

특이점에 일반 상대성 이론을 적용하여 얻을 수 있는 결론 중 하나는 이 점이 시간의 종착점이라는 것이다. 사건의 지평선을 넘어선 물체는 블랙홀의 중심으로 여지없이 빨려 들어가고, 그곳에는 물체의 미래라는 것이 존재하지 않기 때문에 블랙홀의 중심부는 시간의 최종 종착지로 간주될 수 있다.

아인슈타인의 방정식을 이용하여 블랙홀의 중심부를 연구해 온 일부 과학자들은 그곳이 다른 우주로 통하는 가느다란 통로일지도 모른다고 주장하기도 한다. 말하자면, 우리가 속한 우주의 시간이 끝나는 그 지점에서 다른 우주의 시간이 시작된다는 뜻이다.

거대한 질량에 지극히 작은 크기를 갖는 물체는 밀도가 상상을 초월할 정도로 높아서 아인슈타인의 이론이 통하지 않는다. 이런 대상에는 양자 역학적 접근이 병행되어야 한다. 중력 붕괴가 일어날 때 전체 질량은 지평의 내부에서 계속 붕괴하여 결국 한 점으로 집중되기 때문이다. 최종적으로 남는 것은 밀도가 무한히 큰 특이점이다. 일반 상대성 이론에서는 이런 상태가 불가피하게 등장한다.

하지만 물질이 점점 더 큰 밀도로 압축되는 과정 중 어느 순간 고전적인 서술은 타당성을 잃는다. 처음에는 거시적 대상이었던 별도 충분히 압축되면 원자 크기 이하로 작아져서 양자 역학적 대상이 되기 때문이다. 이렇게 되면 시공을 연속체로 보는 고전적인 서술도 타당성을 잃게 된다. 고전적인 시공 자체가 어느 순간엔 양자화된 구조(근본적인 최소 길이가 있는 구조)로 이행되어야 한다. 그러나 물질을 양자화하여 다루는 양자 이론은 이미 등장하였지만 물질과 시공간을 동시에 양자화하여 다루는 '양자 중력 이론' [•] 은 아직 완성되지 않았다.

블랙홀은 물질의 양자 이론이나 중력에 대해 결정적으로 중요한 질문들을 던진다. 그것은 사건의 지평선 부근뿐 아니라 특이점도 마찬가지이다. 특히 특이점의 존재는 일반 상대성 이론이 완전한 해답을 제시하지 못하고 있어 블랙홀이 실제로 무엇인가를 생각해 보지 않을 수 없다.

호킹은 블랙홀이 물질을 빨아들이기만 하는 것이 아니라 복사를 하고 있다는 사실을 증명하는 데 양자 중력 이론을 사용하지 않았다. 그 이유는 물론 양자 중력 이론이 아직 완성되지 않았기 때문이다. 대신 그는 공간과 시간의 전환에 의해 휘어진 우주에서 물질의 양자 효과를 이용하였다. 호킹은 블랙홀이 이런 과정을 통해 질량이 점점 줄어들어 마지막에는 사건의 지평선이 사라질 것으로 예측해 냈다. 만약 호킹의 예상대로 블랙홀의 사건의 지평선이 사라지게 되면 그 특이점은 과연 그 모습을 드러내게 될까?

• 양자 중력 이론은 중력을 양자론적으로 기술하는 물리학 이론이다. 고전적으로, 중력은 일반 상대론으로 기술한다. 그러나 일반 상대론은 재규격화할 수 없기 때문에, 간단히 양자화할 수 없다. 이 문제를 해결하기 위해서 여러 방법이 시도되고 있다.

엄밀하게 말해서 이런 추정은 옳다고 할 수 없다. 지평선이 작아지면 지평선이 특이점에 가까워져 시공간의 곡률이 커질 것이기 때문이다. 이 단계에서는 호킹이 고려하지 않았던 중력의 양자 이론이 필요하게 된다. 호킹의 계산은 블랙홀과 지평선을 기술하는 일반 상대성 이론과 이 공간에서의 물질의 양자 이론에 근거할 뿐 시공간 자체는 고려하지 않았다. 따라서 호킹의 이론으로는 블랙홀 특이점이 무엇인지 알아내는 데 도움이 되지 않는다고 볼 수 있다. 다시 말해 물질의 양자 이론만으로는 특이점 문제의 해답을 제공할 수 없다. 특이점은 블랙홀의 증발과 더불어 단순히 희미한 빛으로 사라지는 것이 아닐지도 모른다.

결론적으로 말해서 우리는 블랙홀이 우주에 존재한다는 것은 거의 확실하게 알지만, 블랙홀 그 자체에 대해서는 거의 확실하게 알지 못한다. 이 말은 우리가 블랙홀이 어떤 천체인지 알지 못한다는 뜻이 아니라 보다 더 근본적인 것을 알지 못한다는 뜻이다. 블랙홀은 단순한 질량 덩어리가 아니다. 시공간이 극도로 휘고 있는 점, 다시 말해 시공간에 난 구멍이다. 우리가 알아야 하는 것은 블랙홀이 단순히 우리 우주에 존재하는 밀도가 높고 시공간이 심하게 휘어진 지역을 나타내는지, 아니면 우리 우주와 분리된 새로운 딸 우주daughter universe로 갈라져 가는 통로인지 여부이다. 그 지평선이 다른 세계 안으로 통하는 문인지 아니면 우리 우주에 속한 다른 지역으로 들어가는 관문인지 말이다.

일반 상대성 이론에서는 특이점이 경계이기 때문에 이 일이 가능하지 않다. 이 때문에 물리학자들은 양자 중력 이론에 기대를 건다. 양자 중력 이론에서는 블랙홀은 사라지고 특이점 뒤에서 기대하지 않았던 완전히 새로운 딸 우주가 열릴지도 모른다. 그리고 블랙홀은 어머니 우주와 딸 우주 사이를 탯줄처럼 연결하고 있는 문일지도 모른다. 이 모든 것은 양자 중력에 의해서 결정될 것이다. 양자 중력이 일반 상대성 이론의 특이점에서 일어나는 모든 일들을 지배하기 때문이다. 이런 궁금증을 풀기 위해 일부에서는 양자 중력의 알려진 성질들을 이용하여 이 문제를 다루고 있다.

엔트로피와 정보 상실의 역설

블랙홀에 관한 여러 의문 중에서 오늘날 가장 널리 토론되고 있는 문제는 정보 상실의 역설information loss paradox이다. 이 문제는 블랙홀이 복사를 방출하며 증발할 수 있다는 사실이 알려지면서 불거져 나왔다. 물론 블랙홀 속으로 무언가가 빨려 들어갈 때 갖고 있었던 정보들이 남아 있느냐 아니면 사라지느냐 하는 문제는 일찍부터 제기되어 있었지만, 그동안 블랙홀 특이점이 사건의 지평선에 가려져 있었기 때문에 적어도 물리학적으로 큰 문제는 없었다. 하지만 노출 특이점이 생길 가능성이 제기되면서 문제가 커지게 된 것이다.

　1974년에 호킹은 블랙홀이 엔트로피와 온도를 갖는다는 사실을 밝혀냈다. 그런데 문제는 호킹이 계산해 낸 블랙홀의 온도는 상상을 초월할 정도로 낮았고, 블랙홀의 엔트로피는 엄청나게 컸다는 것이다. 예를 들면 태양의 3배 질량을 갖는 블랙홀의 엔트로피는 10^{78}이나 된다.

물리학자들은 충격에 빠졌다. 단순할 것으로 생각했던 블랙홀의 엔트로피가 이렇게 크다니! 이렇게 엄청난 무질서도의 근원은 무엇일까? 그동안 물리학자들은 블랙홀은 세 가지 물리량만으로 그 특성이 모두 드러나는 것으로 알고 있었다. 따라서 블랙홀은 매우 단순한 구조를 가질 것으로 생각했었다.

여기에 대해서는 호킹 자신도 대답을 하지 못했다. 그 역시 블랙홀의 엔트로피를 계산해 내는 데는 성공했지만 거기에 숨어 있는 미시적 의미를 알아내지 못했던 것이다. 그 후 여러 학자들이 블랙홀의 엔트로피를 설명해 줄 만한 근거를 찾아내려고 애를 썼지만 별 소득은 없었다.

그런데 1996년 1월, 미국의 물리학자 앤드루 스트로민저Andrew Strominger(1955~)와 캄란 바파Cumrun Vafa(1960~)는 끈 이론을 이용하여 극대 블랙홀의 엔트로피를 계산하여 엔트로피의 원인이 되는 미시적 요소들을 규명하였다. 그들이 얻은 결과는 베켄슈타인과 호킹의 예상값과 정확하게 들어맞았다. 이렇게 하여 블랙홀의 엔트로피에 얽힌 비밀의 실마리가 풀리게 되었다.

하지만 다른 문제가 불거졌다. 블랙홀이 '증발'되면 질량이 줄어들어 블랙홀의 특이점으로부터 사건의 지평선까지의 거리가 점차 줄어들면서 '신성불가침의 영역'으로 간주되던 이 영역이 점차 좁아지는 문제가 있다. 결국 블랙홀이 증발되면 "물질이 블랙홀로 빨려 들어갈 때 갖고 있던 정보들이 블랙홀의 증발과 함께 되살아 나오는가?"하는 문제가 제기되는 것이다.

이에 대해 호킹은 "블랙홀로 빨려 들어간 정보는 영원히 소실된다"고 주장했다. 블랙홀은 모든 정보를 붕괴시키기 때문이다. 그리고 블랙홀이 호킹 복사로 질량을 모두 잃게 되면 그 이후에는 블랙홀에 대해 아무런 정보도 가지고 있지 않은, 지평선 부근에서 방출되는 흑체 복사선만 남는다는 것이다. 이러한 복사선은 가장 적은 물리학적인 정보를 가지고 있다. 이 복사선에는 온도라는 단 하나의 변수만 관계되어 있을 뿐이다. 온도만 알면 복사선의 세기의 분포를 결정할 수 있다. 멀리서 블랙홀을 바라볼 때 우리가 얻을 수 있는 정보는 질량과 스핀 그리고 전하량뿐이다. 우주에 관한 정보가 손실되는 것은 일반 상대성 이론의 필연적인 결과처럼 보인다.

그렇지만 "정보가 결코 손실되지 않는다"는 양자 역학의 원리에는 위배된다. 양자 역학에 근거한 양자적 결정론이 성립되려면 그렇게 되어야 한다. 만약 정보가 상실된다면 기존의 불확정성 원리 외에 새로운 수준에서 또 하나의 불확정성 원리를 도입해야 하는 문제가 생긴다. 따라서 대부분 물리학자들의 생각은 원래의 물체가 블랙홀에게 빨려 들어간 후에도 그 물체와 관련된 정보는 우주의 어딘가에 남아 있어야 한다는 것이다.

이에 대해 호킹은 "물리학자들이 정보가 손실되지 않는다고 믿는 바탕에는 우리가 사는 세계가 안전하고 예견이 가능하다는 믿음이 깔려 있다. 그러나 아인슈타인의 상대성 이론에 따르면 시공간에는 일종의 매듭이 형성되어 있으며, 그 근방에서 정보는 얼마든지 상실될 수 있다"고 일관되게 주장해 왔다.

하지만 2004년 스티븐 호킹은 돌연 그동안의 자신의 주장을 뒤집고 "블랙홀에 빨려 들어간 정보도 방출된다"고 선언했다. 호킹은 과거에 했던 계산을 다시 수행한 끝에 "블랙홀로 빨려 들어간 책은 복사장을 교란시키며, 이 과정에서 책에 담긴 정보가 밖으로 유출될 수 있다"는 결론을 내렸다. 물론 이렇게 방출된 정보는 원래의 온전한 형태가 아니겠지만 어쨌든 정보의 단편들이 블랙홀 밖으로 서서히 유출된다는 점을 인정한 것이다.

블랙홀 정보 상실 문제는 이것으로 끝나지 않는다. 블랙홀이 증발할 때 정보는 어디에 어떻게 저장되었다가 어떻게 다시 나타나는가 하는 문제로 이어지기 때문이다. 현재로서는 사건의 지평선에 정보가 저장되어 있다가 다시 나타나는 것으로 생각되지만 블랙홀 내부에 남아 있을 수 있는 여지도 있다.

화이트홀과 웜홀
. . . .

화이트홀은 블랙홀의 반대 개념으로 생겨난 이론상의 천체이다. 블랙홀이 물질을 집어 삼킨다면 반대로 나오는 것도 있어야 한다는 생각에서 등장한 것이 화이트홀이다. 물리학적으로 화이트홀은 블랙홀의 시간적 반전에 해당한다. 다시 말해 블랙홀을 시간 반전해서 블랙홀로 빨려 들어간 천체들이 다시 빠져나오는 것이 화이트홀이다.

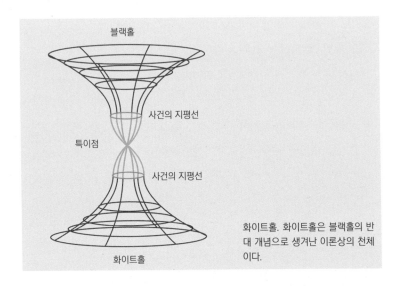

블랙홀

사건의 지평선

특이점

사건의 지평선

화이트홀. 화이트홀은 블랙홀의 반
대 개념으로 생겨난 이론상의 천체
이다.

화이트홀

　한편 '블랙홀'의 명명자인 휠러는 "블랙홀과 화이트홀의 사건의
지평선 내부를 잘라내고 서로 연결하면 어떻게 될까?" 하는 생각을 했
다. 이렇게 하여 등장한 것이 '웜홀'이다. 웜홀은 시공간에 하나의 특이
점만 갖는 블랙홀 대신 물질이 들어오는 입구와 물질이 나가는 출구를
갖는다.

　웜홀은 단순한 상상의 산물만은 아니다. 아인슈타인은 1935년에
동료인 네이선 로젠Nathan Rosen과 함께 일반 상대성 이론이 일종의 '시
공간의 다리'를 허용하고 있다는 사실을 알아냈다. 이 시공의 터널은
아인슈타인-로젠 다리Einstein-Rosen Bridge라 불리는데, 그들은 우리 우
주와 다른 우주를 연결하는 다리일지 모른다는 생각을 했다.

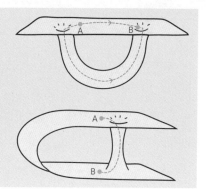

웜홀의 개념. 두 지점 A와 B는 '정상적인' 공간을 통과하는 경로(평면상의 점선)나 웜홀을 통한 경로(관 속의 경로)를 통해 연결될 수 있다. 위쪽 그림에서는 웜홀을 통과하는 경로가 더 길어 보이지만, 아래쪽 그림과 같이 공간이 휘어 있는 경우 훨씬 짧아질 수도 있다.

하지만 휠러는 아인슈타인-로젠 다리는 다른 우주로 통하는 터널이 아니라 우리 우주로 되돌아오는 터널이라고 생각했다. 그리고 이렇게 시공간의 두 지점을 이어주는 터널을 웜홀이라 불렀다. 웜홀은 벌레구멍이라는 뜻인데, 시공의 두 지점을 이어 주는 아인슈타인-로젠 다리가 과일 속에 벌레가 파먹어서 생긴 가느다란 구멍과 비슷하다고 하여 붙여진 이름이다.

웜홀은 시공간에 뚫린 터널처럼 보인다. '웜홀'이라는 말을 만든 휠러는 우주 공간의 두 점을 하나 이상의 경로로 연결할 수 있을 것이라는 생각을 품었다. 그 개념을 나타낸 것이 다음 그림이다. 여기에서 공간은 2차원의 면으로 표시되어 있다. A와 B는 공간상의 두 점이다. 그러나 또 다른 경로(점선)를 제공하는 터널 또는 관(웜홀)이 존재할 수 있다. 공간상의 동일한 점들을 연결하는 두 개의 경로가 존재할 수 있는 가능성은, 일반 상대성 이론에서 시공이 충분한 정도로 휘어져서 스스로와 다시 연결될 수 있으며, 그 결과 공간과 시간 모두에 고리가 형성될 수 있는 가능성을 보여 주는 예이다.

웜홀은 두 우주를 연결하는 지름길이 될 수 있다. 그들이 얼마나 떨어져 있는가는 문제가 되지 않는다. 공간은 굽힐 수 있기 때문에 실제 거리가 얼마든지 간에 웜홀의 길이는 일정할 수 있다. 그래서 자연스럽게 생겨난 의문이 "터널을 통해 산 뒤편 마을로 빨리 갈 수 있듯이 웜홀을 통해 지름길로 우주 여행cosmic voyage을 할 수 있는가?" 하는 것이었다.

이에 대한 아인슈타인의 대답은 부정적이었다. 웜홀은 우주선이 통과할 수 있을 만큼 오래 지속되지 않는다는 것이다. 웜홀 속에서는 매우 강한 중력이 작용하기 때문에 우주선이 사건의 지평선을 지나 다른 우주로 빠져나가기 전에 찌그러져 특이점 속으로 빨려 들어 가게 된다. 따라서 웜홀이 찌그러지기 전에 빠져나가려면 빛의 속도보다 빨리 달려야 하는데, 이것은 상대성 이론에 위배된다. 이 때문에 '웜홀을 통한 우주 여행은 불가능하다'는 것이었다.

하지만 실망할 필요는 없다. 아인슈타인이 아인슈타인-로젠 다리를 찾아냈을 때에는 로이 커의 회전하는 블랙홀이 알려져 있지 않았기 때문이다. 만약 웜홀이 커 블랙홀에 의해 연결되어 있다면 웜홀이 특이점으로 찌그러들지 않을지도 모른다. 그 이유는 커 블랙홀의 경우 특이점은 지평선이 점이 아니고 고리 모양으로 형성되기 때문이다. 커의 해 역시 슈바르츠실트 해와 마찬가지로 시간이 역방향으로 흐르는 무한히 많은 다른 우주들로 확장되어 들어갈 수 있는 것으로 알려졌다. 따라서 커 블랙홀의 경우 슈바르츠실트의 특이점과는 달리 홀라후프를 통과하듯이 특이성 고리를 통해 다른 우주로 빠져나갈 수 있을 것처럼 보인다.

그러나 현실은 그렇게 단순하지 않았다. 전문가들은 커의 해가 실제 블랙홀 내부에는 적용되지 못할 것으로 생각하고 있는데, 그 이유는 커 블랙홀의 내부 지평선은 본질적으로 불안정하여 약간의 상황 변화에 대해서도 특이성 고리가 특이점으로 바뀐다는 것이 밝혀졌기 때문이다. 따라서 커 블랙홀로 들어간다 해도 특이점과의 충돌은 피할 수 없게 되는 셈이다.

그러면 웜홀을 통한 우주 여행은 불가능한가? 이에 대해 미국의 블랙홀 전문가 킵 손과 마이클 모리스Michael Morris는 그렇지 않다고 본다. 웜홀의 자연적인 붕괴 경향을 막고 웜홀을 유지시키기 위한 버팀목으로 반중력을 내는 물질을 이용하면 가능하다는 것이다. 보통 중력은 인력으로 작용하여 물질을 끌어당기는 반면 반중력은 밀어내는 척력으로 작용한다. 따라서 이런 반중력을 내는 물질들을 웜홀의 특이성 고리 속에 갖다 놓아 그 점에서 중력을 약하게 만들어 특이성 고리가 특이점으로 찌그러드는 것을 막으면 웜홀을 통과하는 것이 가능하다는 것이다.

"설령 신이라 할지라도 과거를 바꿀 수는 없다."

— 아가돈(아테네 시인)

"아직까지 미래에서 우리를 찾아온 시간 여행자 무리는 없었다."

— 스티븐 호킹

많은 사람들은 시간 여행에 대해 관심을 갖고 있다. 어떤 사람들은 과거로 되돌아가고 싶어 하고 또 어떤 사람들은 미래를 미리 보고 싶어 하기 때문이다.

　시간 여행을 과학적 연구 대상으로 끌어들인 것은 SF 소설이다. 시간 여행을 다룬 허버트 조지 웰스Herbert George Wells의 소설《타임머신The Time Machine》이 등장한 이후 수많은 작가들이 타임머신을 타고 시간 여행을 하는 소재를 다루어 왔다. 그동안 SF 소설에서 다루었던 많은 개념들이 현실화되는 경우가 많았다. 그렇다면 혹시 SF 소설처럼 언젠가는 인간이 타임머신을 타고 시간 여행을 할 수 있는 시대가 오는 것은 아닐까?

　결론부터 말하자면 빛보다 빠른 타임머신을 타고 시간 여행을 하는 것은 불가능하다. 타임머신을 타고 시간 여행을 하려면 광속을 넘어서야 하는데 이것은 상대성 이론에 따르면 불가능하다. 상대성 이론은 로켓의 속도가 광속에 가까워질수록 질량이 증가한다고 말한다. 이것은 로켓의 속도가 빨라지는 만큼 더 많은 에너지가 필요하다는 것을 의미한다. 다시 말해 로켓의 속도를 높이기 위해 더 많은 에너지가 필요한데, 더 많은 연료를 실으면 더 가속시키기가 힘들어지는 상황에 처하게 되는 것이다. 이러한 상황은 광속에 가까이 가면 무한대로 증가한다. 이 때문에 광속은 넘을 수 없는 벽이 되는 것이다.

시간 여행을 생각하기 전에 먼저 시간이 무엇인지부터 생각해 보자. 사람들은 오랫동안 시간은 한쪽 방향으로만 흐르는 것으로 인식해 왔다. 다시 말해 사람들은 시간은 똑바로 뻗은 철로를 따라 가는 열차처럼 한쪽 방향으로만 흘러가는 것으로 인식해 왔다.

그런데 만약 시간이 흘러가는 철로 중간에 지하철 2호선 선로와 같은 환상 선로가 부설되어 있다면 어떻게 될까? 시간은 계속 앞으로 진행하지만 열차가 환상 선로로 들어서면 이전에 지나갔던 역을 다시 지나갈 수 있는 것처럼 시간을 거슬러 과거로 여행할 수 있지 않을까?

그러면 물리학은 시간 여행을 어떻게 보는가? 결론부터 말하면 물리학 법칙이 시간 여행을 금지하고 있는 것은 아니다. 일반 상대성 이론이 시간 여행을 허용하고 있을지 모른다는 최초의 암시는 1949년에 수학자 쿠르트 괴델Kurt Gödel에 의해 처음 알려졌다. '불완전성의 정리'로 유명한 괴델은 아인슈타인과 만년을 함께 보내면서 일반 상대성 이론을 접하고 일반 상대성 이론이 허용하는 새로운 시공을 발견했다.

괴델이 발견한 시공은 우주 전체가 회전하고 있어서 원래의 시점으로 되돌아올 수 있으리라는 기대를 갖게 했다. 하지만 괴델이 발견한 해는 당시 우리 우주와 일치하지 않는 것으로 생각되어 주목받지 못했다. 첫 번째 이유는 우리 우주가 회전하지 않는다는 사실을 증명할 수 있었기 때문이고, 또 다른 이유는 괴델의 해는 0이 아닌 우주 상수를 가졌는데 우주 상수는 0으로 생각되기 때문이다.

괴델의 해의 시공은 뒤틀린 상태에서 출발하기 때문에 과거로의 시간 여행은 항상 가능하다. 실제 우주가 그럴 가능성이 있을지 몰라도 믿을 만한 과학적 근거는 없다. 빅뱅의 강력한 증거인 극초단파 우주 배경 복사와 우주의 물질이 수소와 헬륨이 대부분이라는 사실은 초기 우주가 시간 여행을 허용하기 위해서 가져야 할 곡률을 갖지 않는다는 사실을 입증하기 때문이다. 하지만 그렇다고 해서 시공이 부분적으로 휘어져서 국부적인 시간 여행이 허용될 가능성마저 부정할 수는 없다. 그리고 블랙홀이 바로 그런 시공이 될 가능성이 있다는 것이다.

그러면 블랙홀을 통해 시간 여행이 가능할까? 현실적으로는 불가능하다. 가장 큰 난관은 블랙홀이 가진 강한 조석력이다. 조석력은 낯선 힘이 아니라 우리가 일상에서 실제로 경험하고 있는 힘이다. 지구 위에 서 있는 우리 몸에는 이미 지구의 조석력이 미치고 있다. 우리 발은 머리보다 지구 중심 쪽에 조금 더 가까이 있어서 우리 발에 작용하는 지구의 인력은 머리에 작용하는 지구의 인력보다 약간 크다. 이 때문에 우리 몸에는 상대적으로 아래위로 잡아당기는 지구의 조석력이 작용하고 있다. 하지만 지구와 같이 중력이 작은 천체에서는 이 힘은 매우 약하기 때문에 우리는 인식하지 못한다. 그러나 백색 왜성이나 중성자별은 사정이 다르다. 만약 여러분이 중성자별 표면에 서 있다면 엄청난 조석력을 느끼게 될 것이다.

블랙홀은 말할 것도 없다. 블랙홀은 극단적으로 강한 조석력이 작용하는 천체이기 때문이다. 만약 여러분이 로켓을 타고 블랙홀 가까이 다가간다면 엄청난 조석력으로 인해 여러분의 몸뿐 아니라 로켓조차도 엿가락처럼 길게 늘어나 결국에는 산산조각이 나버리게 될 것이다. 예를 들어 태양 질량의 블랙홀이라면 중심으로부터 10km 떨어진 곳에서의 조석력은 지구 표면에서 받는 조석력의 1000만 배나 된다. 이 정도의 조석력이라면 로켓을 부수고도 남는다. 하물며 우리 몸은 말할 것도 없다.

어떤 SF 영화에서는 이렇게 분해된 원자나 소립자들이 블랙홀을 통과한 다음 다시 원래의 모습으로 재결합되는 이야기도 등장한다. 하지만 이런 생각 역시 현실적으로는 불가능한 상상일 뿐이다. 왜냐하면 입자로 분해된 것들을 재결합하여 원래대로 재생하기 위해서는 엄청난 양의 에너지와 정보가 필요하기 때문이다. "정보를 어떻게 만들고 전송할 것이며, 다시 그 정보를 어떻게 재조합하여 원소를 만들고 나아가 본래의 모습대로 복원할 것인가?" 하는 엄청난 문제에 봉착하게 된다.

그렇다면 블랙홀의 조석력을 피해서 블랙홀 안으로 진입할 방법은 없는가? 꼭 그렇지는 않다. 항성 블랙홀의 경우는 불가능하지만 거대 블랙홀의 경우에는 가능하다. 항성 블랙홀의 경우 사건의 지평선에서 조석력의 크기는 매우 크지만 거대 블랙홀의 경우에는 무시할 수 있을 정도로 작다.

시간 여행을 할 수 있는 또 다른 가능성은 웜홀을 이용하는 것이다. 1997년에 영화화된 칼 세이건Carl Sagan의 《접촉Contact》이라는 소설에서는 웜홀을 통과하는 방법이 이용되고 있다. 문제는 웜홀이 불안정하다는 것이다. 어떤 과학자들은 시간 여행이 가능하도록 웜홀을 오래 열어 두는 방법을 연구했다. 그러자면 시공을 음의 곡률로 휘게 할 수 있는 물질이 있어야 한다. 이 물질은 일반적인 물질과 반대로 음의 에너지 밀도를 가져야 할 것이다. 양자 이론은 일부 장소에서 음의 에너지 밀도를 허용한다. 카시미르 효과Casimir effect●는 그런 가능성을 보여 주는 예이다.

과학 기술이 발전함에 따라 언젠가는 웜홀을 열어 둘 수 있게 될지도 모른다. 그리고 보다 진보된 문명에서는 이미 그러한 기술을 개발했고 타임머신까지 만들었을 수도 있다. 그렇다면 이런 의문이 들 것이다. "미래로부터 왜 아무도 우리 앞에 나타나지 않는가?"

그런데 시간 여행은 많은 역설을 안고 있다. 스티븐 스필버그Steven Spielberg의 〈백 투더 퓨처Back to the Future〉 같은 SF 영화를 본 사람은 알겠지만, 타임머신을 이용한 과거로의 여행이 현재를 바꾸어 놓는 전혀 엉뚱한 결과를 낳을 수도 있다. 예를 들어 어떤 시간 여행자가 과거로 돌아가서 실수로 그만 자신의 할머니를 죽였다고 하자. 할머니는 아직 결혼하지 않았고 그의 어머니를 낳지도 않았다. 그의 어머니가 태어나지 않았으므로 당연히 그도 태어나지 못했다. 그런데 그가 태어나지 않았다면 그는 과거로 시간 여행을 할 수도 없고 당연히 그의 할머니를 죽일 수도 없게 된다.

이것은 모순이다. '할머니의 역설grandmother paradox'이라 부르는 이 예는 단지 과거로의 시간 여행이 낳을 수 있는 수많은 의문 중 하나에

● 카시미르 효과는 진공이 물리적인 힘을 가진 에너지인 것을 보여 주는 현상이다. 1948년 네덜란드의 물리학자인 헨드릭 카시미르Hendrick Casimir는 두 개의 금속판을 진공 중에 서로 마주 보도록 가까이 놓으면 대단히 작지만 금속판은 서로를 끌어당길 것이라고 예상하였다.

불과하다. 또 다른 예를 들면 시간 여행자는 과거의 자기 자신과 마주칠 수도 있다. 시간 여행자가 1년 전이나 하루 전의 과거로 돌아간다고 해 보자. 그는 자기 자신과 마주칠 수 있다. 같은 시각 같은 장소에 두 명의 자기 자신이 있게 되는 것이다. 문제는 이게 전부가 아니라는 사실이다. 만약 이러한 과정을 무한정 되풀이하면 같은 시각 같은 장소에 무한히 많은 자기 자신이 존재하는 상황이 만들어질 수도 있다. 이것은 마치 손오공이 자신의 털을 뽑아 불어서 수많은 자신의 분신을 만들어 내는 것과 다를 바 없다.

이러한 역설이 발생하는 이유는 분명하다. 이 세계의 현재 상태는 과거에 의해 결정되기 때문이다. 다시 말해 과거를 변화시키게 되면 시간 여행자가 알고 있는 현재의 혼란을 불러오기 때문이다. 시간 여행이 이와 같이 풀 수 없는 역설로 이어진다면, 물리 법칙의 틀 속에서는 허용될 수 없다. 그런데도 우리는 현재 우리가 얻을 수 있는 최상의 이론들이 과거로의 여행을 허용하고 있음을 발견한다. 그렇다면 그 이론들이 의심받아야 할 것이다.

시간 여행의 가능성을 부정하는 데 흔히 사용되는 논리는 "우리는 시간 여행자들을 만나지 못했기 때문에 시간 여행은 불가능하다"는 식의 논리이다. 다시 말해 우리 후손들이 그 방법을 알아냈다면 그들은 분명 시간을 거슬러 우리를 방문했을 것이고, 또 자랑하고 싶어 하는 인간의 본성상 우리는 그 사실을 모를 리 없다는 것이다. 다시 말해 그런 사람들을 만난 이야기가 전해 오지 않는 것은 과거로의 시간 여행이 불가능하다는 반증이라는 논리이다. 미래로부터 오는 여행자가 없는 이유에 대한 한 가지 설명은 미래는 보지 못했고 아직 알지 못하기 때문에 열려 있는 것이고, 과거는 보았고 이미 알고 있기 때문에 고정되어 있다는 것이다. 이것은 모든 시간 여행이 미래에 국한되어 있다는 의미이다.

스티븐 호킹은 이러한 생각을 기초로 시간 보호 가설chronology protection conjecture•을 제기했다. 호킹은 이런 방법으로 우주가 안전하게 지켜진다고 주장한다. 하지만 이러한 시간 보호 가설이 타당한지, 그리고 타당하다면 그것이 기존의 물리학 속에 들어 있는 것인지, 아니면 새로운 무엇인가가 더 필요한지 아직 잘 모른다.

한편 과거로의 시간 여행이 가능하다고 생각하는 사람들은 '할머니 역설'을 피할 수 있는 개념들도 고안하였다. 그런 개념들 중 하나는 다중 우주 또는 평행 우주 개념을 도입하는 것이다. 그것은 수많은 평행 우주들이 존재해서, 과거를 향한 여행이 여러분 자신의 세계가 아니라 그와 매우 흡사한 양자적 변형판인 과거로 데려간다는 생각이다. 따라서 시간 여행자가 과거로 돌아가서 죽인 할머니는 평행 우주에 있는 할머니이며, 그 자신의 미래는 변하지 않은 채 남아 있게 된다는 것이다.

이러한 생각이 과연 옳은 것인지 아니면 우리의 기대가 그런 생각을 낳는 것인지 현재로서는 알 수 없다. 그것은 마치 마우리츠 코르넬리스 에서Maurits Cornelis Escher••의 그림처럼 신비로우면서도 다른 한편으로는 속임수 같은 그런 느낌을 받게 되는 것은 어쩔 수가 없다.

• 시간 보호 가설은 자연은 항상 웜홀이나 그 밖의 인위적인 고안물들이 과거로 여행하는 것을 가로막는 방법을 찾아내리라는 것이다.

•• 마우리츠 코르넬리스 에서는 네덜란드의 판화가로 기하학적 원리와 수학적 개념을 바탕으로 2차원 평면 위에 3차원 공간을 표현했다.

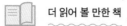

더 읽어 볼 만한 책

블랙홀 전쟁: 양자 역학과 물리학의 미래를 둘러싼 위대한 과학 논쟁
레너드 서스킨드 지음 | 이종필 옮김 | 사이언스북스 | 2011

이 책은 1974년에 스티븐 호킹이 블랙홀에 양자론을 적용시켜 블랙홀이 증발 이론에서 파생된 블랙홀 과학 논쟁을 다루고 있다. 호킹은 '블랙홀로 떨어진 정보는 어떻게 되는가?' 하는 질문에 그 정보들은 사라진다고 주장했는데, 미국 물리학자 레너드 서스킨드와 네덜란드 물리학자 토프트는 호킹의 주장을 옳다면 우리가 알고 있는 우주의 근본 법칙이 뒤집어질 수 있음을 깨닫고 호킹의 주장을 반박하며 논쟁을 벌이게 된다. 이 책은 블랙홀의 본성을 둘러싸고 스티븐 호킹과 헤라르뒤스 토프트, 그리고 서스킨드 사이에 벌어진 블랙홀 정보 상실 논쟁을 다루고 있다.

블랙홀 화이트홀
일본 뉴턴프레스 지음 | 뉴턴코리아 | 2009

과학 잡지 〈뉴턴Newton〉에서 발간하는 '뉴턴 하이라이트 시리즈'의 하나로 블랙홀, 화이트홀 그리고 웜홀에 대해서 중점적으로 다루고 있다. 이 책은 난해하고 직접적으로 관측되지 않는 천체인 블랙홀과 화이트홀을 화려한 일러스트레이션과 사진을 바탕으로 시각적으로 이해하기 쉽게 해설하는 한편 상대성 이론과 우주론 등을 연구하는 세계 과학자들을 직접 인터뷰하여 블랙홀의 기초부터 최근 연구까지 소개하고 있다.

초신성과 블랙홀: 항성 대폭발이 수수께끼의 천체를 만든다
일본 뉴턴프레스 지음 | 뉴턴코리아 | 2011

'뉴턴 하이라이트 시리즈'의 하나로, 초신성과 블랙홀에 대해서 중점적으로 다룬 책이다. 대질량 별의 폭발로 나타나는 초신성은 블랙홀과 특별한 연관이 있는데, 이 책은 별의 탄생과 성장으로부터 초신성과 블랙홀까지 다루고 있다.

📷 사진 및 그림 출처

이 책에 실린 사진과 그림들은 본문의 이해를 돕기 위해 사용되었습니다. 사진의 사용을 허락해 주신 분들께 감사드립니다. 각 사진에 대해 잘못 기재한 사항이 있다면 사과드리며, 이후 쇄에서 정확하게 수정할 것을 약속드립니다.

p.21 ⓒ NASA/ESA | p.38 ⓒ NOAO/AURA/NSF | p.40 ⓒ NASA, ESA | p.47 ⓒ NASA/CXC/PSU/G.Pavlov et al. | p.62 ⓒ Ethan Siegel/Lewis & Clark College, OR. | p.80 ⓒ ESA, NASA, and Felix Mirabel(French Atomic Energy Commission and Institute for Astronomy and Space Physics/Conicet of Argentina) | p.83 ⓒ Carnegie Observatories | p.87 ⓒ ESA/ATG medialab | p.99 ⓒ NASA | p.117 ⓒ NASA/JPL – Caltech | p.128 ⓒ NASA, H. E. Bond and E. Nelan(Space Telescope Science Institute, Baltimore, Md.), M. Barstow and M. Burleigh (University of Leicester, U.K.), and J. B. Holberg(University of Arizona) | p.132 ⓒ NASA | p.135 ⓒ Wiki User: Mysid | p.140 ⓒ ESA | p.143 ⓒ X – ray: NASA/CXC/Wisconsin/D. Pooley & CfA/A. Zezas; Optical: NASA/ESA/CfA/A. Zezas; UV: NASA/JPL – Caltech/CfA/J. Huchra et al.; IR: NASA/JPL – Caltech/CfA | p.147 ⓒ wikipedia: Azcolvin429 | p.149 ⓒ NASA | p.153 ⓒ NRAO/AUI | p.154 ⓒ NASA | p.156 ⓒ V. Beckmann, NASA, ESA | p.158 ⓒ NASA | p.159 ⓒ NASA | p.161 ⓒ Keck/UCLA Galactic Center Group | p.164 ⓒ NASA/JPL – Caltech | p.165 ⓒ X – ray: NASA/CXC/AIfA/D. Hudson & T. Reiprich et al.; Radio: NRAO/VLA/NRL | p.171 ⓒ NOAO/AURA/NSF | p.185 ⓒ CERN | p.189 ⓒ ESA, NASA and Felix Mirabel(French Atomic Energy Commission & the Institute for Astronomy and Space Physics/Conicet of Argentina) | p.191 Subrahmanyan Chandrasekhar: ⓒ University of Chicago | p.213 ⓒ X – ray: NASA/UMass/D. Wang et al., IR: NASA/STScI | p.218 ⓒ USAF photo | p.219 ⓒ NASA | p.220 ⓒ NASA/Swift/Penn State/J. Kennea | p.222 ⓒ Spectrum and NASA E/PO, Sonoma State University, Aurore Simonnet | p.12, 13, 27, 30, 54, 59, 60, 63, 68, 72, 73, 74, 76, 77, 101, 106, 107, 109, 111, 123, 125, 139, 180, 230, 231: 그림과 그래프는 저자가 제공한 것을 바탕으로 컬처룩/에디토리얼 렌즈에서 작업한 것입니다.

찾아보기